在家烹饪
196 种美味料理

世界
风味厨房

[日] 本山尚义 著
陆晨悦 译

华中科技大学出版社
http://www.hustp.com
中国 · 武汉

有书至美
BOOK & BEAUTY

如果能在一生中吃遍世界美味就好了。

前言

在自己家中就能做出世界各地的料理。

说起世界各地的料理，你会想起什么呢？
"之前在泰国料理店吃的菜，真的很美味啊！"
"学生时代去摩洛哥时吃到的菜，我至今也无法忘记它的味道。"
大家又如何呢？

法国菜、西班牙菜等为人熟知的料理自不用说，还有许多不为人熟知的料理。

比如，塔吉克斯坦的"沙卡罗"是一种用盐和柠檬就能简单做成的沙拉；阿根廷的"恩帕纳达"是一种加入鸡蛋的烤派，通常作为点心或者小吃食用。世界上还有许许多多不被熟知却十分美味的料理。

在本书中，共收录了196种料理食谱，有些是我在环球旅行时在当地学到的，有些是外国友人教我的。

书中的料理看上去很难吗？不。这本食谱书并不只是面向专业厨师的，也是为了站在家庭厨房中的你。如何用家里的食材，以简单的方法，做出世界各地的料理？在创作本书时，我在这方面下了功夫。

"我已经厌烦了传统菜谱。"

"真想在下次的派对上让大家都大吃一惊！"

"蜜月时吃到的那份充满回忆的料理，我好想再吃一次啊！"

每当产生以上想法时，请翻开这本书。在本书中，你会看到没见过的菜肴以及制作方法。

那么，让我们一起在眼花缭乱的美食中开始世界旅行吧！

*作者

本山尚义

1966年出生于神户。学习法国料理，成为酒店的厨师长。27岁时在印度感受到了香料的魅力，体会到不同国家的料理的魅力，之后便成为一边环游世界、一边学习料理的"旅行主厨"。他回国后开了名为"巴勒莫"的餐厅，在2010—2012年，举办了提供世界各地料理的盛会——"品味世界美食环球马拉松"。现在是致力于使大家在家中享用全世界美味的"世界美食博物馆"的主管。

目标是轻而易举地在家中享受全世界的美食。

1

用家里现成的食材
简单做成美味料理

如果说到世界各地的料理，你可能会想到"是不是会用到大量只有当地才有的调味料或食材？"

请放心。本书中的菜谱所教的全部是在家中就能简单做出来的料理。只用在附近的超市能买到的食材、调味料等，就能做出接近当地味道的菜肴。菜谱中有时也会用到比较罕见的食材，这种时候我会明确标出能够作为替代的食材，所以请大胆尝试。如果真的想要做出非常地道的料理，也可以买来原本的食材，尝试挑战一下。

2

不论谁做都能使料理变得美味的菜谱

想要尝试制作全世界的美味料理的理由是各种各样的——总之就是喜欢享受美食；厌烦了每天千篇一律的饮食；平时虽然不太做饭，但在关键的时候想要大展身手，充分展现料理的技能……大家出于各种理由，想要尝试制作甚至是闻所未闻的料理。

为了使大家都能做出好吃的料理，本书中的菜谱非常详细。刀法、火候自不用说，要不要盖盖子、去浮沫等，也写得非常清楚。不疑惑，不失败，成功做出美味的料理。

3

在各种场合下都适用

有的人不明白应该在何种场合下制作合适的料理。这种时候，请翻到卷末的索引部分查看。派对或者小酌、吃便当或者平常吃饭等，思考哪种菜谱适合哪种场合时，有"不同场合索引"为你答疑解惑；考虑到主菜副菜的平衡，可以查找十分方便的"不同菜品索引"；总结了主厨推荐菜谱的"主厨推荐索引"，肯定能对你有所帮助。

为了享受全世界的美味料理，需要提前买好调味料。

和以前的味道稍微有些不同

　　说起香料，你可能会觉得很难。但这些物品其实都是在附近的超市的香料货架上，花100～200日元（1日元≈0.065元人民币）就可以轻易入手的东西。只要合理使用香料，即使是在家中，也可以瞬间拉近和其他国家料理的距离。只要聚集了各种香料，几乎可以再现全世界的美味。香料如此重要，接下来先让我们介绍本书的菜谱中使用的香料吧。请思考一下你想要制作哪种料理，先把这道料理中要使用的香料加入你的厨房吧！

牛至

在比萨中经常使用，具有浓烈的香味。和番茄、芝士非常相配，是一种经常在地中海料理中出现的香料。

卡宴辣椒粉

干燥的红辣椒粉末。特点是能让口中感受到热辣。和日本的一味辣椒粉属于不同种类的调味料。

三味香辛料

印度料理中使用的混合香辛料。原料有莳萝、肉桂等，使用后料理会产生正宗的印度香味和辣味。

豆蔻

被称为"香料女王"，特征是淡淡的甜味和清爽的香气。主要用于咖喱和肉类料理。

咖喱粉

撒一下就能迅速添加咖喱味的调味料。混合了姜黄、辣椒等数十种香料。

莳萝

一种常用的香料，让人想起埃及料理的芳香。可以用于肉类料理、土豆以及面包。

丁香

也叫作丁子，有着浓厚的刺激性的味道，能够抑制肉的腥气。也可以用于水果做成的点心。

香菜粉

有着清爽的甜味，类似于柑橘类的香气。

番红花

干燥后的番红花的雌蕊。有着充满异国风情的香味和鲜艳的色彩，可用于番红花饭等料理。

肉桂

特点是有种高级的香甜口感，可以用于制作点心，但在印度等地，也会用于制作肉类料理。

姜黄

别名秋姜黄，带着些许土壤的味道。可以用来将料理染成黄色。

百里香

味道辛香，有着抗菌作用。能够消除鱼类的腥臭味，也适合烹饪肉类料理，是西餐中不可缺少的一种香料。

辣椒粉

混合数种辣椒粉末而成，是一种具有民族特色的香料。在中南美地区的料理中经常使用。

荷兰芹

由于有着清爽的香气和鲜艳的绿色，使用起来非常方便，是一种万能香料。撒上一点就能使料理显得更好看。

匈牙利红辣椒粉

是用没有辣味的匈牙利红辣椒干燥而成的粉末。有着鲜艳的颜色和独特的风味。

黑胡椒粉

胡椒有着火辣的刺激感，是香料之王。除黑胡椒外还有白胡椒、青胡椒、红胡椒等，味道各不相同。

本书的使用方法

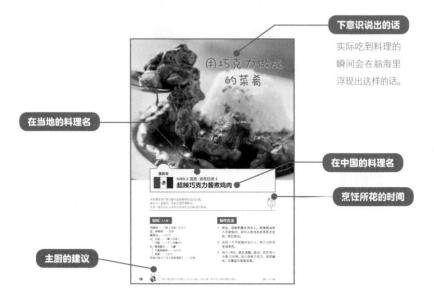

下意识说出的话
实际吃到料理的瞬间会在脑海里浮现出这样的话。

在当地的料理名

在中国的料理名

烹饪所花的时间

主厨的建议

本书注意事项

· 在本书所写的分量中，一大勺是15毫升，1小勺是5毫升，1杯是200毫升。

· 在做法中没有标记"盖上锅盖"的话，在烹饪的过程中请不要盖上锅盖。

· 如果所用食材是比较罕见的东西，括号内会写上替代品的名称，如"羊肉（牛肉）"。

· 烹饪时间只是大致描述。根据各个家庭的炉灶以及食材大小的不同，时间也会有所变化，烹饪时请注意。

不知道怎么烹饪时可以浏览的网站

【蔬菜的切法 】→龟甲万家庭烹饪
http://www.kikkoman.co.jp/homecook/basic/vege_cut/index.html
【炸法 】→日清欧里奥厨房
http://www.nisshin-oillio.com/kitchen/
【关于准备工作、调味料 】→AJINOMOTO Park
http://park.ajinomoto.co.jp/recipe/corner/basic
【烹饪小技巧视频 】→大家的今日料理初学者
http://www.kyounoryouri.jp/contents/beginners

目录

图标：橙色的菜谱中所对应的内文页
附有和料理相关的轶事。

17

用巧克力做成的菜肴

墨西哥

料理名 ⇒ 莫雷·波布拉诺 ⇐

超辣巧克力酱煮鸡肉

本料理是用巧克力酱替代咖喱粉制成的炖菜。
最初入口是甜的，逐渐会感受到辣味。
这是一道可以让人享受从来没吃过的味道的美食。

（35 分钟）

材料（2人份）

鸡腿肉……1块（切成一口大）
盐、胡椒粉……少许
橄榄油……1大勺
A｜ 大蒜……1瓣（切末）
　｜ 洋葱……1个（切薄片）
B｜ 番茄罐头……½罐
　｜ 卡宴辣椒粉……½小勺
　｜ 莳萝……1小勺
苦味巧克力（可可浓度高的）……50克

制作方法

1　将盐、胡椒粉撒在鸡肉上。将橄榄油倒入平底锅中，用中火将鸡肉表面煎至变色，然后取出。

2　在同一个平底锅中加入A，用小火炒至变成茶色。

3　加入1和B，煮至沸腾。除沫，然后用小火煮20分钟。加入苦味巧克力，使其融化，并覆盖在菜肴表面。

 巧克力要选择可可浓度为70%以上的。不会太甜，而且可以使料理更加美味。

既不是炖菜
也不是咖喱

美国

料理名 ⟫ 秋葵浓汤 ⟪

鸡肉和秋葵的微辣浓汤

本料理是加入大量秋葵制成的浓汤，非常下饭。
由于黏稠，吃到最后也是热乎乎的。
如果厌烦了炖菜和咖喱，可以尝试一下这道只需经过炒和煮的简单料理。

45
分钟

材料（2人份）

A | 秋葵……200克（切成圆片）
  | 洋葱……½个（切成粗末）
  | 大蒜（末）……1大勺
  色拉油……1大勺
  鸡腿肉……100克（切成骰子大）
  低筋面粉……1大勺
B | 番茄罐头……½罐
  | 水……1杯（200毫升）
C | 牛至……½小勺
  | 卡夏辣椒粉……½小勺
  | 百里香……½小勺
  | 红辣椒粉……1大勺
  | 盐……½大勺
  | 胡椒粉……½小勺

制作方法

1　将色拉油倒入锅中加热，用中火将A炒至变软。放入鸡肉，炒至变色。加入低筋面粉，边搅拌边翻炒，约3分钟。

2　加入B，用小火煮10分钟。

3　加入C，用更小的火煮20分钟。

⟨秋葵由于黏稠，很难变冷，最适合用于炖菜。请用来制作冬日菜肴。

002／196

❀ 从料理看世界 1

美国的秋葵料理？

　　说起美国料理，人们总会联想到汉堡包、牛排等，但是，上述菜肴却是用秋葵做成的浓汤。秋葵是较为常见的食材，它的原产地是非洲。

　　大航海时代，欧洲人来到非洲，也许是他们将秋葵的种子带到了别的大洲。

　　调查后发现，秋葵果然是在那个时代传入美国的。如今使用的调味品、香辛料等，有很多是来自欧洲和印度的，反映了历史上的贸易线路。

　　在料理的背后，隐藏着如此精彩的

通过料理了解世界的餐厅 "Palermo"

历史故事，不令人觉得了不起吗？这道秋葵浓汤成了我想要通过料理了解其背后的历史、文化的契机。

令人垂涎欲滴

牙买加

料理名 ⇗ 烤鸡 ⇖

橙汁腌烧鸡

这是腌烤而成的香嫩烤全鸡。
美味的秘密是调料汁中所使用的橙汁。
恰到好处的甜度和酸味使得口感更加爽口。

45
分钟

材料（2人份）

鸡腿肉……2块（分成4等份）
A| 洋葱……½个
  大蒜（末）……½小勺
  生姜（末）……½小勺
  橙汁……½杯（100毫升）
  莱姆果汁……½个的量
  橄榄油……2大勺
  卡宴辣椒粉……½小勺
  莳萝……½小勺
  百里香……½小勺
  干荷兰芹……½小勺
  红辣椒粉……½小勺
  砂糖……1大勺
  胡椒粉……½小勺

制作方法

1 将A放入搅拌机中。

2 在大碗中放入A和鸡肉，在冰箱里腌制
   30分钟。

3 在设置成240摄氏度的烤箱中烤制10分
   钟，将鸡肉烤至焦黄。

＜本料理中使用了很多调味料。只需要将它们放入搅拌机中，然后用来腌制鸡肉即可。

爽口 不油腻

海地

料理名 ≽ 格林威斯 ≼

猪肉橙子煮

本料理是将猪里脊肉用橙汁炖制而成的。
在位于加勒比海的岛国海地，有关于橙子的民间故事。
同时橙子也是当地日常料理中常用的食材。

(30分钟)

材料（2人份）

猪里脊肉……2块（切成一口大）
色拉油……1大勺
洋葱……½个（切粗丝）
A │ 橙汁……1个橙子的量
│ 柠檬汁……1大勺
│ 莱姆酒……½小勺
│ 盐……½小勺
│ 黑胡椒粉……½小勺
橙子（装饰用）……1个

制作方法

1 将锅中的色拉油加热，用中火将猪肉煎至变色，然后取出。

2 在同个锅里将洋葱炒至柔软，将1中的猪肉放回，加入A。煮沸，撇去浮沫，用小火煮至汤汁基本变干。

3 放上装饰用的橙子。

将鲜橙汁换成市场贩卖的现成的橙汁也可以！

热辣！劲爆！美味！

洪都拉斯

料理名 ⚜ 香辣酱牛肉 ⚜

肉末和豆子的超辣番茄煮

这是一道色泽鲜红的肉末豆子炖菜。
在电视剧中，它是牛仔经常吃的料理，
充满美洲大陆的风情。

75 分钟

材料（2人份）

吉德尼豆（金时豆）……100克（在水中浸泡一晚）

A｜ 大蒜……1瓣（切末）
　　洋葱……½个

牛肉末……50克
橄榄油……50克

B｜ 番茄罐头……½罐
　　番茄酱……1大勺
　　莳萝……1小勺
　　辣椒粉……1小勺
　　盐……1小勺
　　胡椒粉……½小勺

制作方法

1 将泡在水中的豆子和水一起倒入锅里，
　 用中火煮30分钟左右，使豆子变软。

2 在别的锅中倒入油并加热，用中火将A
　 炒至柔软。加入肉末，炒至熟透。

3 将1和50毫升汤汁混合，加入B，用小
　 火煮30分钟。

提示 〈 豆子稍微留有嚼劲的话吃着会更加美味。

黍砂糖是重点

圣基茨和尼维斯

料理名 ⚜ 杂烩饭 ⚜

微甜的杂烩鸡肉饭

本料理和菜肉烩饭、西班牙烩饭略有不同，是微甜的什锦饭。

55分钟

材料（2人份）

黍砂糖（三温糖）……3大勺
色拉油……3大勺
A| 鸡肉……100克（切成骰子大）
  | 洋葱……½个（切丁）
  | 胡萝卜……½根（切成银杏叶形）
  | 青椒……1个（切碎）
米……0.1升（先洗好）
B| 椰奶……½杯（100毫升）
 | 水……½杯（100毫升）
 | 盐……1小勺

制作方法

1 将色拉油倒入土锅中，加热，用中火炒黍砂糖。在差不多变焦了（呈焦糖色）的时候加入A，炒5分钟。

2 加入米，炒5分钟之后加入B，混合搅拌之后煮5分钟。用盐调味，盖上锅盖用小火煮15分钟。

3 关火，焖15分钟。

刚开始不要搅拌翻炒黍砂糖，等其开始溶化了之后再搅拌。

鸡蛋煎饺真好!

阿根廷

料理名 ➤ 恩帕纳达 ➤
加入鸡蛋的烤派

在美洲大陆广为人知的烤派，形状与饺子类似。
具体的馅料各国略有不同，阿根廷的人们选用的馅料是混入香料的牛肉末和煮鸡蛋。

〔90分钟〕

材料（2人份）

A| 鸡蛋……½个
  低筋面粉……160克
  白葡萄酒……2小勺
  水……40毫升
  橄榄油……1大勺
B| 洋葱……¼个（切末）
  大蒜（末）……½小勺
橄榄油……½大勺
牛肉末……150克
C| 莳萝……½小勺
  盐……½小勺
  胡椒粉……¼小勺
低筋面粉……½大勺
煮鸡蛋……1个（分成4等份）

制作方法

1 制作外皮。在大碗中加入A，揉成一团。放入塑料袋中，然后放进冰箱里，醒面30分钟。

2 制作馅料。将橄榄油倒入平底锅，加热，将B炒至透明。加入牛肉末，变色后加入C，炒5分钟。加入低筋面粉裹在表面，然后冷却。将馅料分成4份，揉成团放置。

3 将醒好的面分成4等份，擀成直径10厘米的圆形。放上2和鸡蛋，对半折起，弄出褶子。在180摄氏度的烤箱中烤20分钟。

有关恩帕纳达的包法，在视频网站上也能找到。可以尝试搜索查看。

汤汁快要流出来了

特立尼达和
多巴哥

料理名 ⅔ 双打 ⅓

咖喱豆炸面包

这道料理是在当地作为小吃的炸面包。
馅料是咖喱风味的鹰嘴豆。
豆子圆滚滚的十分有趣。

90
分钟

材料（8人份）

A 温水……2杯（400毫升）
　 高筋面粉……600克
　 干酵母……1小勺
　 姜黄粉……1小勺
　 砂糖……1小勺
　 盐……½小勺
洋葱……½个（切丁）
橄榄油……2大勺
B 番茄罐头……½罐
　 鹰嘴豆（水煮罐头）……1罐
C 咖喱粉……1大勺
　 盐、胡椒粉……½小勺

制作方法

1　制作面皮。在大碗中放入 A，揉成一团面团。盖上保鲜膜，在常温下放置30～60分钟，直到发酵成2倍大。

2　制作馅料。将橄榄油倒入锅中加热，用中火将洋葱炒软。加入B，煮开。然后除沫，加入C，用小火煮至汤汁基本变干。

3　将面团分成8等份，擀成直径15厘米的圆形。用180摄氏度的油炸5分钟，使两面炸得恰到好处。包入2中的馅料。

＜面皮的量少的话会很难制作，所以菜谱中准备了8人份。

今晚吃牛排

乌拉圭

料理名 ⚜ 香料烤肉 ⚜

爽口烧烤酱牛排

牛排搭配南美一种名叫香料辣椒酱的万能烧烤酱料食用，美味无穷。
加入荷兰芹的酱料使得牛肉吃起来更加爽口。
可以尝试在各种肉类料理中使用这种酱料。

15
分钟

材料（2人份）

牛排肉……2块
盐、胡椒粉……少许
橄榄油……1大勺
A| 洋葱……½个（切丁）
　荷兰芹……1把（切丁）
　大蒜（末）……½小勺
　雪莉酒醋（醋）……2大勺
　橄榄油……2大勺
　牛至……½小勺
　卡宴辣椒粉……½小勺
　莳萝……½小勺
　香菜……½小勺
　黑胡椒粉……½小勺

制作方法

1　将盐、胡椒粉撒在牛肉上。

2　将A混合，做成酱料。

3　将橄榄油倒入平底锅中加热，用大火将
　　1的两面各煎3分钟。盛盘，浇上2。

由于放了大量的醋和蔬菜，即使是肉类料理也可以均衡地摄取营养。

又软又甜

伯利兹

料理名 ⪼ 椰子虾 ⪻

椰子炸虾

本道料理用椰子酱代替面包屑作为炸虾外皮，
是一年四季炎热如夏的加勒比海周边地区的风味。
不使用酱汁，请搭配盐、胡椒粉或者柠檬汁食用。

20
分钟

材料（2人份）

带头的虾……12只
盐、胡椒粉……少许
小麦粉……1大勺
牛奶……3大勺
椰子酱……适量
色拉油……适量

制作方法

1　将盐、胡椒粉撒在虾上。

2　使虾上粘满与牛奶混合的小麦粉，并在
　　表面涂上椰子酱。

3　用180摄氏度的色拉油炸3分钟。

 ⪻椰子酱在卖点心的柜台有。

28

这是一道只需要搅拌和冷却便能做成的简单美食。
菜姆果汁和香菜发挥了重要作用。

10
分钟

材料（2人份）

洋葱……¼个（切丝）
小虾……4只（煮）
烟熏三文鱼……8片
番茄……½个(切块)
香菜……2根（切末）
莱姆果汁……½个的量
橄榄油……2大勺
盐……½小勺
胡椒粉……少许

制作方法

1 将洋葱在水中泡5分钟左右。

2 将所有材料放入大碗中，混合搅拌，在冰箱中充分冷却。（有条件的话冷却3小时左右，以保证食材内部也变得冰凉，会更美味。）

厄瓜多尔

料理名 ᴥ 腌渍海鲜 ᴥ
腌渍鱼虾

011 ⟋196

只需要将花菜豆和米饭一起煮熟就可以。
虽然是巴巴多斯的料理，
却能感受到日本风味。

80
分钟

材料（2人份）

花菜豆（鹰嘴豆）……100克（在水中浸泡一晚）
A 米……0.1升（事先洗净）
 水……1杯（200毫升）
 盐……½小勺

制作方法

1 将豆子和水都倒入锅中，用中火煮30分钟，煮至豆子变软。

2 在电饭煲中放入1的豆子和A，按照刻度加入所需的水，煮饭。

巴巴多斯

料理名 ᴥ 豆饭 ᴥ
美味豆饭

012 ⟋196

29

豆子爱好者能体会

南美常见的豆类料理。
可以浇在米饭上享用。

50分钟

材料（2人份）

巴西豆（金时豆）……100克（在500毫升水中浸泡一晚）
A｜大蒜……½瓣（切末）
　｜洋葱……½个（切末）
橄榄油……1大勺
番茄罐头……¼罐

制作方法

1 将豆子和水倒入锅中，用中火煮30分钟，煮至豆子变软。

2 将橄榄油倒入另外的锅中加热，用中火将A炒至变软。

3 加入番茄和带汤汁的1，用小火煮15分钟。

苏里南

料理名 ➤ 卡萨米恩特 ◄
红豆煮番茄

013 —196

既可以当菜也可以当小吃

这是一道用肉、蔬菜和薯条炒制而成的甜辣口味的炒菜。

20分钟

材料（2人份）

薯条（冷冻）……200克
牛排肉……200克（切条）
橄榄油……3大勺
盐、胡椒粉……适量
A｜洋葱……½个（切条）
　｜青椒……2个（切条）
B｜香肠……4根（斜着切开）
　｜番茄……½个（切块）
　｜莳萝……1大勺
　｜盐……¾小勺
　｜胡椒粉……½小勺

制作方法

1 炸薯条。

2 将橄榄油倒入平底锅中加热，用中火将牛肉炒至变色，撒上盐、胡椒粉。加入A，用中火炒至柔软。

3 加入1和B，用中火炒至调料散发出香味。

玻利维亚

料理名 ➤ 杂炒 ◄
牛肉炒薯条

014 —196

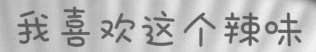

我喜欢这个辣味

秘鲁

料理名 ✤ 黄胡椒鸡肉 ✤
鸡肉炖黄胡椒

本料理是用黄胡椒粉制成的像咖喱般的料理。
以白面包来勾芡是新的烹饪方法。
由于很辣,在食用的时候会不断冒汗。
其清凉的外观和口感非常适合夏天食用。

50
分钟

材料（2人份）

鸡胸肉……300克
白面包（6片装）……½片
牛奶……1杯（200毫升）
A｜ 大蒜……1瓣（切末）
　｜ 洋葱……1个（切丁）
色拉油……1大勺
B｜ 黄胡椒粉……2大勺
　｜ 帕尔玛干酪……1大勺
土豆（煮）……2个（切片）
煮鸡蛋……2个（竖着切成4等份）
盐……1小勺
胡椒粉……½小勺

制作方法

1　在锅里加入鸡胸肉和水（未列入材料表），煮至沸腾。除沫后,用小火煮20分钟。等鸡肉稍微冷却之后,用手撕成小块,在汤汁中浸泡。

2　将白面包浸泡在牛奶中,放置5分钟,用搅拌器打碎。

3　在另外的锅中倒入色拉油加热,用中火将A炒至变软。加入2,用小火煮15分钟。加入带汤汁的1,再加入B的混合物。将整体煮至如同咖喱一般黏稠。用盐、胡椒粉调味。

4　浇在米饭和土豆上,再摆上煮鸡蛋。

 ‹ 瓶装的黄胡椒粉通过网购就能买到。

 从料理看世界2

曾在印加帝国大受欢迎的土豆

　　说起秘鲁,你会想到什么呢?大部分人应该都会想到巨大的纳斯卡地画以及印加帝国马丘比丘遗址等古代文明。秘鲁是一片尚存未解之谜的土地,而其中,安第斯山脉所在的安第斯地带,作为各种各样蔬菜的原产地,被称为"食材的宝库"。

　　土豆、番茄、玉米等,在我们的餐桌上经常能见到的这些食材都源于此地。以印加帝国的繁荣为背景,这些食材得以稳定生产。西班牙人从这里将这些食材带回欧洲,传往世界各地。特别是土豆,它是解救了全世界饥荒的超级蔬菜。在秘鲁,光是土豆就有很多品种,在其首都利马,还会举办土豆节。土豆可谓秘鲁的灵魂食物。

　　在秘鲁,黄胡椒鸡肉多搭配土豆一起食用,可以说是"为了让土豆吃起来更美味而存在的料理"。本道料理是为日本人所喜爱的秘鲁代表料理之一,非常适合日本人的口味。买到好吃的土豆时,请尝试做一下这道料理。浇在热乎乎的土豆上食用,非常美味。

这是烤玉米的味道

智利

料理名 ✦ 奶汁干酪烙菜 ✦

肉末玉米奶汁干酪烙菜

本料理是在奶汁干酪烙菜表面添加玉米糊制成的。
烤得恰到好处的玉米的香味是节日的味道。
玉米有着浓浓的甜味，十分适合肉类料理。

60分钟

材料（2人份）

A 玉米（罐装）……200克
　黄油……1大勺（12克）
　牛奶……¼杯（50毫升）
　盐……½小勺
　胡椒粉……少量

B 肉末……200克
　洋葱……¼个（切丁）
　大蒜……½瓣（切末）
　橄榄油……1大勺
　莳萝……½小勺
　砂糖……1小勺
　盐……½小勺
　胡椒粉……少量

制作方法

1 将A放入食品处理器中，搅拌至只剩少量颗粒。倒入锅中，用中火煮5分钟。

2 将B放入大碗中，充分搅拌。

3 将2放在耐热碟中，将1全都浇在上方，用设置成200摄氏度的烤箱烤40分钟。

含有玉米汁的奶汁干酪烙菜，有种令人怀念的节日的味道。真是不可思议。

大家都喜欢!

圣文森特和
格林纳丁斯

料理名 ≶ 通心粉 ≶

焗烤通心粉

大人小孩都喜欢的焗烤通心粉，不管在哪里都具有人气。
不同地区制作这道料理时使用的食材和做法完全相同。

40
分钟

材料（2人份）

低筋面粉……20克
牛奶……1杯（200毫升）
黄油（调味汁用）……20克
盐……¾小勺
胡椒粉……少许
洋葱……½个（薄片）
黄油（食材用）……1大勺（12克）
通心粉（煮）……100克
面包粉……少量

制作方法

1 制作白色调味汁。在锅中用小火加热黄油，一边搅拌一边倒入低筋面粉。之后慢慢倒入牛奶，充分搅拌。用盐、胡椒粉调味。

2 在另一个锅中加热黄油，用中火将洋葱炒至柔软。加入1和通心粉，充分搅拌后用中火煮至沸腾。

3 将2放在耐热碟中，撒上面包粉，用230摄氏度的烤箱烤20分钟。

 制作调味汁时要将牛奶一点一点地慢慢倒入，为了不结块，要充分搅拌。

有香菜的味道

巴拿马

料理名 ⋛ 鸡肉薯汤 ⋚
鸡翅根木薯汤

本料理是以木薯为主要原料制成的汤。
也可以用芋头代替。
鸡肉汤中混合着薯类的清甜，有着多层次的味道。

(50分钟)

材料（2人份）

A| 鸡翅根……6个
　| 洋葱……½个（切薄片）
橄榄油……2大勺
水……2杯（400毫升）
木薯（芋头）……6个
香菜……3根（简单切断）
盐……¾小勺

制作方法

1 将橄榄油倒入锅中加热，用中火把A炒
　至变色。

2 加水，煮沸。除沫之后，加入木薯，用
　小火煮30分钟。

3 加入香菜，用盐调味。

 生的木薯很罕见，在网上可以买到煮过的冷冻木薯。

生奶油真绝妙！

古巴

料理名 ❦ 鸡肉土豆浓汤 ❦

土豆玉米辣鸡汤

这是古巴的灵魂食物。
品尝时，可以充分享受土豆、玉米和牛油果的美味，
体验生奶油、香菜和刺山柑花蕾的绝妙组合！

50
分钟

材料（2人份）

A｜ 鸡腿肉……½片
　　香菜……3根
　　大蒜……½小勺（切末）
　　水……2杯（400毫升）
土豆……2个（切成一口大）
白色大玉米（有的话）……6个
盐……½小勺
B｜ 刺山柑花蕾……3个（切碎）
　　牛油果……½个（切成骰子大）
生奶油……适量
C｜ 长葱……1小勺（切碎）
　　香菜……1小勺（切碎）
　　朝天椒……1小勺（切碎）
　　色拉油……1大勺

制作方法

1　在锅里倒入A，煮沸，然后用小火煮30分钟。取出鸡腿肉，切成小块。

2　加入土豆，用小火煮15分钟，使其变软。将鸡腿肉放回，并加入大玉米，用盐调味。

3　盛盘，将B放在顶部，挤上生奶油。将C搅拌后，按照个人口味添加。

可以用腌黄瓜代替刺山柑花蕾。

今天费了点工夫

委内瑞拉

料理名 ⋙ 炖牛肉 ⋘

马迪拉葡萄酒炖碎牛肉

本料理是用甜口的葡萄酒——马迪拉葡萄酒炖成的美食。
由于是比较豪华的牛肉料理，可以在纪念日时搭配红酒享用。

100
分钟

材料（2人份）

牛腿肉……100克
洋葱……½个（切片）
橄榄油……1大勺
A| 红辣椒……½个（剁碎）
　 番茄罐头……½罐
　 马迪拉葡萄酒……½杯（50毫升）

制作方法

1　在锅中放入牛腿肉和水（未列入材料表），煮至沸腾。除沫后，用小火煮1小时。之后将牛肉切碎。

2　将橄榄油倒入锅中加热，用中火将洋葱炒至柔软。

3　加入1和A，用小火炖30分钟。

 马迪拉葡萄酒可以在网上购买。也可以用甜口的红葡萄酒代替。

真温暖啊!

巴拉圭

料理名 ⚜ 玉米丸子汤 ⚜

鸡翅根玉米粉丸子汤

本料理是用玉米粉丸子制成的汤。
玉米粉丸子弹力十足,很有嚼劲。
牛至是本汤的亮点。

80分钟

材料(2人份)

A | 玉米粉……50克
  | 马苏里拉奶酪……30克
  | 热水……60~70毫升
B | 番茄罐头……½罐
  | 水……1杯(200毫升)
鸡翅根……6个
C | 洋葱……½个(切丝)
  | 青椒……1个(切丝)
  | 牛至……½小勺
盐……½小勺
胡椒粉……少量

制作方法

1 在大碗中放入A,充分搅拌,制成直径2
   厘米的丸子。

2 在锅中加入B,煮至沸腾。加入鸡翅根,
   然后再煮沸。除沫之后,加入C,用小
   火炖30分钟。

3 加入1中的丸子,以及盐、胡椒粉,再煮
   30分钟。

  〈准备用来制作丸子的面团的时候,使用的是热水,请注意不要烫伤。

大人的小吃

安提瓜和巴布达

料理名 ≥ 盐渍鱼 ≤

腌渍鳕鱼煮番茄

这是一道充满鳕鱼香味的料理。
看上去清爽，香味却相当浓郁，可以搭配酒慢慢品味。

40
分钟

材料（2人份）

鳕鱼（干鳕鱼）……2块
A│ 洋葱……½个（切片）
  │ 青椒……1个（切丝）
橄榄油……2大勺
B│ 番茄罐头……½罐
  │ 水……¼杯（50毫升）
盐……1小勺

制作方法

1 除去鳕鱼的皮和骨头。

2 将橄榄油倒入锅中加热，用中火将A炒
   至柔软。

3 加入B，煮沸之后加入鳕鱼。除沫，然
   后用中火煮30分钟，中途开始搅拌。

4 用盐调味。

谨必

< 如果使用干鳕鱼的话，请去除盐分。

加拿大！
加拿大！

加拿大

料理名 ⇒ 煎三文鱼配枫糖浆 ⇐

煎三文鱼配枫糖浆

本料理是由两样北美名产叠加起来的美味。
用枫糖浆和酒醋等制成调味汁，带来高级的风味。

20分钟

材料（2人份）

三文鱼……2块
盐、胡椒粉……少许
橄榄油……3大勺
A｜枫糖浆……5大勺
　｜酒醋……2大勺
　｜盐……½小勺
　｜胡椒粉……少量

制作方法

1　在三文鱼表面撒上盐、胡椒粉。将橄榄油倒入平底锅中，加热，用中火将三文鱼的两面各煎8分钟，煎至变色。

2　将A混合，浇在1上。

重点 ⟨ 煎的时候尽量别碰到鱼。若只是摇动平底锅的话，就不会破坏鱼的形状。

想在野餐的时候吃

格林纳达

料理名 ≉ 可丽饼 ≉

咖喱土豆可丽饼

亚洲的可丽饼多是甜品。但是在中美地区，主流的可丽饼是一种不甜的食物。
请搭配香辛料食用。

40
分钟

材料（2人份）

土豆……2个
A｜ 三味香辛料……½小勺
　　 莳萝粉……½小勺
　　 香菜粉……½小勺
　　 姜黄粉……½小勺
　　 盐……1小勺
软墨西哥薄饼（市场贩卖品）……2张
橄榄油……2大勺

制作方法

1　煮土豆。在大碗中放入土豆，弄成土豆
　　泥，加入A，充分搅拌。

2　将一半的1放在软墨西哥薄饼上，卷起。
　　像这样做2个。

3　将橄榄油倒入平底锅中加热，放入2，
　　用小火将饼的两面各煎10分钟，使得表
　　面呈现出金黄色。

如果能吃辣的话，建议添加卡宴辣椒粉或者一味辣椒粉。

时尚的热三明治

哥斯达黎加

料理名 ⤳ 卷饼 ⤳

牛油果芝士番茄薄饼

这是中美地区的常见食物。原材料是番茄、牛油果和芝士。
做法非常简单，但是毫无疑问这个组合十分美味！

25分钟

材料 (2人份)

软墨西哥薄饼 (市场贩卖品) ……4张
A ｜ 牛油果……1个 (切片)
　｜ 番茄……1个 (切片)
　｜ 混合芝士……80克
盐、胡椒粉……少量
橄榄油……1大勺

制作方法

1　在一半的软墨西哥薄饼皮上放上A，撒上盐、胡椒粉。将皮对半折叠。

2　将橄榄油倒入平底锅中加热，用小火将薄饼两面各煎10分钟，使其表面呈现出金黄色。

点心 ＜ 家里常备软墨西哥薄饼的话，可以使家庭料理的种类变得更丰富。

这道料理比日本咖喱使用了更多的香料，比起米饭更适合搭配馕食用。

可以搭配馕食用

材料（2人份）

A| 牛腱肉……100克（切块）
 | 水……2杯（400毫升）
B| 大蒜……1小勺（切末）
 | 生姜……1小勺（切末）
 | 洋葱……1个（切丁）
橄榄油……1大勺
番茄罐头……½罐
C| 三味香辛料……1小勺
 | 咖喱粉……3大勺
 | 姜黄粉……1大勺
盐……1小勺

制作方法

1 将A煮沸除沫，用小火煮30分钟。

2 用小火将B充分翻炒20分钟。

3 加入C炒出香味，加入番茄和带汤汁的
  1，煮沸后用小火再煮30分钟后加盐。

圣卢西亚

料理名 牛肉咖喱
牛肉咖喱

026 —196

把烹饪用的香蕉煮熟即可。
有着土豆般的味道。

实际上营养丰富

材料（2人份）

香蕉……2根

制作方法

1 将香蕉竖着对半切开，再切成一口大小。

2 用中火将1煮5分钟。

多米尼克

料理名 煮香蕉
煮香蕉

027 —196

43

咬一〇，唇齿留香。

外皮酥脆内里柔软的炸鱼饼。
品尝后仿佛连鼻腔都充满鱼的香味。

15
分钟

材料（2人份）

小麦粉……50克
搅匀的蛋液……½个的量
水……3~5大勺
白身鱼（鲈鱼）……2块（切成一口大）
盐、胡椒粉……少量

制作方法

1 将搅匀的蛋液和水倒入小麦粉中，制作
  面皮（像薄饼一样的感觉）。

2 在白身鱼上撒上盐、胡椒粉，裹上1，
  用180摄氏度的油炸5分钟左右。

巴哈马

料理名 ⇒ 炸鱼饼 ⇐
加勒比海的炸白身鱼

028 ⁀196

想做给孩子吃

经典的甜味布丁。
想要尝试做甜点的时候可以选择做这个。

190
分钟

材料（2人份）

A 玉米粉……50克
  牛奶……¼杯（50毫升）
  椰奶……½杯（100毫升）
  砂糖……25克
肉桂粉……适量

制作方法

1 在大碗中放入A，充分搅拌，注意不要
  结块。

2 将1放入锅里，边搅拌边用小火加热。
  变黏稠了之后盛到容器里。

3 在冰箱中冷却3小时，撒上肉桂粉。

多米尼加

料理名 ⇒ 玉米布丁 ⇐
玉米味的柔软布丁

029 ⁀196

卖相不好，味道很好

巴西

料理名 ⁒ 煮黑豆 ⁒

肉末煮黑豆

本料理可以说是巴西的国民食物。
黑豆的甜味和肉的香味完美融合。
也可以搭配土豆泥一起食用。
口感黏糯，口味清淡，为女性所喜爱。

60
分钟

材料（2人份）

黑豆……100克（放在500毫升水中浸泡一晚）
A| 猪肉末……50克
　 洋葱……½个（切丁）
　 胡萝卜……½个（切半月形）
　 大蒜……1瓣（切末）
　 橄榄油……1大勺
生姜……1大勺（榨汁）
盐、胡椒粉……少量

制作方法

1　将黑豆和水一起倒入锅中，用中火煮30分钟，煮至黑豆变软。

2　将橄榄油倒入另一个锅中，加热，用中火将A炒5分钟。倒入带汤汁的1，煮沸。除沫之后，用小火煮20分钟。

3　加入生姜汁，用盐、胡椒粉调味。

 生姜尽量榨汁，有除臭和暖体的效果。

✤ 从料理看世界 3

巴西人精力旺盛的秘密

　　说起巴西，多数人会联想到有名的足球选手或者充满激情的狂欢节。而上述料理的背后有着与欢乐的气氛格格不入的故事。

　　关于这道料理的起源有着很多说法。其中一种说法来源于主人和奴隶的故事。

　　据说在奴隶制度尚存的时代，某地的奴隶们将主人吃剩的饭菜和便宜的豆子混合起来食用。有一天，主人被料理的香味所吸引，说："让我尝一尝吧。"尝了之后他觉得这道菜非常美味，并且能补充盐分，使人充满活力。"这是一道好菜！"主人表示非常喜欢。这道菜也因

此得到了认可。伴随着这个传说，这道料理成为和地位、阶层无关的国民食物。如果去巴西的话，街边的餐厅的菜单上一定有这道料理的名字。

　　与悲伤的传说故事不同，现在这道料理变成了能给人带来欢乐的美味料理。料理不光能带来味觉上的享受，在料理背后还隐藏着许多的历史故事。这是十分有趣的。

　　活跃在世界舞台上的足球选手以及举办狂欢节时快乐的人群之所以充满了力量，大概也是常吃这道料理的缘故吧。

我想要香蕉叶

尼加拉瓜

料理名 ❦ 玉米粽 ❦

玉米丸子粽

这是用玉米粉做成的粽子。
正宗的做法是使用猪油。
当地人们经常将其作为节假日的早餐食用。

（50分钟）

材料（2人份）

A| 玉米粉……100克
  猪油（色拉油）……1大勺
  水……¼杯（50毫升）
  盐……½小勺
B| 番茄……¼个（切薄片）
  青椒……½个（切丝）
  米……2小勺

制作方法

1 在大碗中放入A，充分揉搓，分成2等份。

2 将1放在香蕉叶（铝箔纸）上，再放上B。放入蒸笼中，用中火蒸40分钟。

香蕉叶可以在网上购买。用粽叶包裹也十分美味。

要记住豆烤芝士呀!

萨尔瓦多

料理名 ⇟ 豆烤芝士 ⇟

豆烤芝士派

本料理看似量小，品尝后却很有饱腹感。
由于加了芝士，没有干巴巴的感觉，更容易食用，老少皆宜。

85分钟

材料（2人份）

黑扁豆（金时豆）……100克（在水中浸泡一晚）
A| 低筋面粉……300克
| 水……150克
| 盐……½小勺
盐……½小勺
混合芝士……100克
色拉油……2大勺

制作方法

1 将豆子连水一起倒入锅里，用中火煮30分钟，煮至柔软。

2 制作面皮。在大碗中放入A，充分揉搓，在常温中醒面30分钟。

3 制作馅料。用棒槌将1捣烂，撒上盐之后充分搅拌。

4 将皮分成8等份之后搓成球状，加入3和芝士，用擀面杖擀成平整的圆形。

5 将色拉油倒入平底锅中加热，用小火将两面各煎5分钟，煎成焦黄色。

 用擀面杖擀成饼状的时候，注意不要弄破，可以慢慢地擀。

黏糊糊的秋葵酱

圭亚那

料理名 ≯ 秋葵鸡 ≮

炸鸡配秋葵酱

酥脆的炸鸡配上黏稠的秋葵酱，美味无穷！
本料理十分适合做成便当。
也可以将鸡肉和秋葵酱同米饭搭配在一起食用。

60分钟

材料（2人份）

A｜ 鸡腿肉……1块（切成一口大）
　　搅匀的蛋液……1个的量
　　大蒜（末）……½小勺
　　生姜（末）……½小勺
　　小麦粉……2大勺
　　玉米粉……3大勺
　　酱油……1大勺
　　盐……½小勺
B｜ 秋葵……6根（切圆形）
　　洋葱……½个（切条）
橄榄油……2大勺
C｜ 番茄罐头……½罐
　　水……½杯（100毫升）
盐……½小勺

制作方法

1　制作炸鸡。在大碗中放入A，充分搅拌，在冰箱中醒30分钟。

2　用180摄氏度的橄榄油炸1，约5分钟。

3　制作秋葵酱。将橄榄油倒入锅中加热，用中火将B炒至柔软。加入C，煮沸。除沫之后，用小火煮20分钟。撒上盐调味。

炸鸡的重点是选对玉米粉，记得要炸得酥脆。

第一次尝到这个味道

危地马拉

料理名 ⅔ 鸡肉和可口可乐 ⅔
可乐煮鸡肉

这是用可乐煮蔬菜和鸡肉而制成的一道菜。
可乐中的碳酸可以使肉质保持鲜嫩。
想尝试和平时不一样的味道的话，请一定试着做一下这道料理。

40分钟

材料（2人份）

A| 大蒜……1瓣（切末）
　生姜……拇指大（切末）
　土豆……2个（切块）
　洋葱……½个（切片）
　胡萝卜……½根（切成银杏叶形）
橄榄油……2大勺
鸡腿肉……1块（切成一口大）
B| 彩椒（红、黄）……各½个（切丝）
　青椒……1个（切丝）
　番茄罐头……½罐
　可乐……180毫升
　百里香……½小勺
　盐……1小勺
　胡椒粉……½小勺

制作方法

1 将橄榄油倒入锅里加热，用中火将A炒至柔软。加入鸡腿肉，炒至变色。

2 加入B，煮沸。除沫之后，用小火煮至水分剩⅔。

可乐中有碳酸，可以使肉变得柔软，能让料理变得更香。

切面好棒！

哥伦比亚

料理名 ≷ 牛肉培根卷 ≷

南美风牛肉培根卷

本料理是将培根、肉末、蔬菜像寿司一样卷起，烤制而成的豪华牛肉培根卷。
即使冷掉，肉的味道依旧鲜美，外表也很华丽美观。

120
分钟

材料（2人份）

A｜ 肉末……500克
洋葱……½个（切末）
盐……1.5小勺
胡椒粉……少量
培根……6片
B｜ 煮鸡蛋……3个（竖着分成2等份）
胡萝卜……½根（柱状）
青椒……1个（切长条）

制作方法

1　在大碗中放入A，充分揉搓。

2　在耐热碟中，将两片培根的部分重叠，
　　一片接一片摆放。将一半的1放在上面，
　　接着摆放B。再将剩下一半的1铺在上
　　面。最后再放上培根当作盖子。

3　用200摄氏度的烤箱烤40分钟。

4　在常温中放置1小时之后切开。

＜冷却后再切开，是不破坏肉的形状从而保持切面美感的窍门。

今天是意大利食堂

意大利

料理名 ⨳ 金枪鱼牛油果沙拉 ⨳
金枪鱼和牛油果的葡萄酒醋沙拉

金枪鱼和牛油果的搭配在日本也有。
在此之上添加橄榄油和葡萄酒醋，做成意大利风味沙拉。
搭配面包、红酒，甚至是搭配米饭食用也意外很适合。

10
分钟

材料（2人份）

金枪鱼（刺身）……100克（切成骰子大）
青葱……1根（切小段）
牛油果……1个（切成骰子大）
橄榄油……2大勺
酱油……1小勺
葡萄酒醋……3大勺
盐……½小勺
胡椒粉……少量

制作方法

1　将所有材料放入大碗中，混合搅拌。

2　盛盘，淋上橄榄油。

 提示

＜ 选牛油果的时候，轻按一下，选择柔软的、正适合食用的。

036 ╱196

圣马力诺

料理名 ⨳ 鸡肉芝士 ⨳
芝士焗鸡肉

鸡肉、芝士、番茄，都烤得恰到好处。
本料理不论是香气还是味道都十分完美。
鸡肉鲜嫩多汁，美味无法形容。

30
分钟

材料（2人份）

鸡腿肉……1块（分成2等份）
盐、胡椒粉……少量
小麦粉……适量
搅匀的蛋液……1个鸡蛋的量
橄榄油……3大勺
番茄……½个（切片）
帕尔马芝士……40克

制作方法

1　将盐、胡椒粉撒在鸡腿肉上，涂上小麦粉，蘸上蛋液。

2　将橄榄油倒入平底锅中加热，用大火将1的两面煎成焦黄色。

3　将2转移到耐热碟中，放上番茄、帕尔马芝士，用230摄氏度的烤箱烤10分钟。

 提示

＜ 把鸡肉换成猪肉或鳕鱼等白身鱼也十分美味，可以尝试一下。

037 ╱196

想喝红酒

塞浦路斯

料理名 ⊱ 墨鱼饭 ⊰

地中海的墨鱼饭

十分时尚的欧洲墨鱼饭。
本料理是由番茄和红酒炖制而成的。
米饭中充满了肉桂的香味。

60 分钟

材料（2人份）

墨鱼……2条
A| 洋葱……½个（切末）
 | 米……100克（事先洗好）
 | 肉桂粉……½小勺
橄榄油（处理食材用）……3大勺
B| 番茄泥（市场贩卖品）……½杯（100毫升）
 | 水……¼杯（50毫升）
 | 盐……½小勺
 | 胡椒粉……少量
橄榄油……3大勺
红酒……1杯（200毫升）

制作方法

1 将墨鱼的肠和骨取出，将黏液洗净。将墨鱼须切碎。

2 将橄榄油倒入锅中加热，用中火将墨鱼须炒制5分钟。加入B，用小火煮15分钟。

3 将2和A塞入墨鱼身体中，用牙签固定。将橄榄油倒入平底锅中加热，用中火将两面煎至变色。

4 加入红酒，煮沸。除沫之后，用小火煮30分钟。

 加热之后，墨鱼肉会收缩，而米饭会膨胀，所以塞米饭的时候注意留有余地。

对尝试放入葡萄干的人表示尊敬。

亚美尼亚

料理名 鸡肉饭团

塞满米饭的烤鸡肉

这是将米饭用鸡肉卷起烤制而成的豪华料理。
咬到肉汁饱满的米饭时的幸福感难以形容。
偶尔会咬到葡萄干，令人惊喜不已。

40
分钟

材料（2人份）

米饭……1小碗
黄油……20克
鸡腿肉……2块
葡萄干……20克
盐、胡椒粉……少量

制作方法

1 在米饭中混入黄油后冷却。

2 用菜刀把鸡腿肉切成5毫米厚的薄片。

3 将1放在2上，撒上盐、胡椒粉，放入葡萄干。将鸡肉卷起，用线绑住。

4 用230摄氏度的烤箱烤制20分钟，将鸡肉烤成恰到好处的焦黄色。

塞进鸡肉的食材换成蔬菜或糯米也很美味，可以尝试一下。

是成人的炖菜

爱尔兰

料理名 ❦ 黑啤炖菜 ❦

成人的微苦牛肉黑啤炖菜

本料理是用纯黑的黑啤做成的炖菜。
爱尔兰是黑啤的发源地。
料理中暗藏着加州梅的味道。

60
分钟

材料（2人份）

牛腿肉……300克（切成一口大）
小麦粉……适量
色拉油……1大勺
A | 大蒜……½瓣（切末）
　 | 洋葱……1个（切成大块）
B | 荷兰芹……1根（随意切开）
　 | 胡萝卜……½根（随意切开）
C | 加州梅……2个
　 | 番茄罐头……½罐
　 | 黑啤……½杯（100毫升）
　 | 芥末……1大勺

制作方法

1　将盐、胡椒粉（未列入材料表）撒在牛肉上，涂上小麦粉。

2　将色拉油倒入平底锅中加热，用中火将1煎至变色。

3　在另外的锅里倒入色拉油加热，将A炒至柔软。加入1和B，将蔬菜炒至柔软。

4　加入C，用小火炖30分钟。中途如果汤汁变少的话，加水（未列入材料表）。用盐、胡椒粉（未列入材料表）等调味。

 ＜啤酒有使肉变软的效果。微苦的黑啤散发着成熟的味道。

味道特别浓郁!

法国

料理名 ⚜ 鸡肉和奶油 ⚜

餐厅风味的奶油炖鸡肉

我本来是烹饪法餐的厨师。
本节介绍的是用到奶油的料理。
本料理是正宗餐厅的口味,可以搭配面包或红酒来享用。

40
分钟

材料（2人份）

鸡腿肉……1块（切成一口大）
小麦粉……适量
黄油……1大勺（12克）
白葡萄酒……50毫升
A│ 生奶油……1杯（200毫升）
　│ 盐、胡椒粉……少量
土豆（煮）……2个（随意切开）
胡萝卜（煮）……½根（随意切开）

制作方法

1　将盐、胡椒粉撒在鸡腿肉上，涂上小麦粉。将黄油放入平底锅中加热，用中火将鸡腿肉煎至变色。

2　将1转入锅中，加入白葡萄酒，用中火煮至水分只剩⅕。加入A，再用小火煮15分钟。

3　和煮好的胡萝卜、土豆一起盛盘。

< 加入生奶油之后改用小火。煮过头的话奶油会分离，所以请注意。

勺子停不下来！

料理名 ≶ 土豆凤尾鱼 ≶

土豆和凤尾鱼的奶汁干酪烙菜

烤制过程中会产生绝妙的香气。
生奶油的牛奶味配上凤尾鱼的咸味真是再美妙不过。
美味会一直留在口中。

50
分钟

材料（2人份）

A| 牛奶……1杯（200毫升）
　 生奶油……½杯（100毫升）
　 盐、胡椒粉……少许
洋葱……½个（切薄片）
黄油……1大勺（12克）
土豆……3个（切长条）
凤尾鱼（罐装）……1罐（50克）

制作方法

1　将A放入锅中，加热至快要沸腾。

2　将黄油放入平底锅中加热，用中火将洋葱炒至柔软。

3　将土豆（一半）放入耐热碟中，放上2和凤尾鱼，再放入剩下的土豆，倒入1。

4　用200摄氏度的烤箱烤30分钟，烤至变成焦黄色。

制作起来十分简单，请一定要尝试一下。

小心烫伤！

料理名 ⹋ 牧羊人派 ⹋

牧羊人派

牧羊人派是一种英国的传统馅饼，一刀切下去肉汁四溢。
这是一道只需重叠食材、烤制便可大功告成的简单家庭料理。
请在寒冷的时候食用。

60
分钟

材料（2人份）

土豆……3个

A│ 黄油（处理食材用）……2大勺
 │ 盐、胡椒粉……少许

B│ 牛奶……½杯（100毫升）
 │ 生奶油……¼杯（50毫升）

C│ 大蒜……1瓣（切末）
 │ 洋葱……½个（切末）

黄油……1大勺（12克）

D│ 肉末……400克
 │ 百里香……少许

制作方法

1　将土豆煮好，做成土豆泥。和A混合。

2　将B混合，在锅中煮沸之后，和1混合。

3　将黄油放入锅中加热，用中火将C炒至
　柔软。加入D，炒至变色。

4　将3的成品放在耐热碟中，放上2，用
　200摄氏度的烤箱烤30分钟。

潜心

〈 烤之前用叉子按压表面，制作花纹。这样烤完之后看上去更美观。

渔夫真是天才！

西班牙

料理名 ⊱ 西班牙海鲜饭 ⊰

渔夫的豪爽什锦饭

本料理是西班牙具有代表性的美食。
米饭吸收了海鲜和番茄的汤汁,十分美味。
这道料理外观豪华,实际上做法非常简单。
可以作为招待客人的菜肴或者生日料理。

60
分钟

材料（2人份）

A| 白汤……360毫升
 番红花……适量
 辣椒粉……1小勺
 盐、胡椒粉……少许
B| 玄蛤……12个
 墨鱼……1只（切圆片）
 带头虾……6只（去皮）
 大蒜……1瓣（切末）
 彩椒（红、黄）……各½个（切条）
 青椒……1个（切条）
橄榄油……3大勺
米……180克左右（不洗）
番茄汁（市场贩卖品）……3大勺

制作方法

1 将A放入锅中,煮沸。

2 将橄榄油倒入平底锅中,加热,用中火
 将B炒至变色,取出。

3 在同一个平底锅中加入1,煮沸。加入米,
 用小火边搅拌边加热。煮到汤汁的高度
 和米的高度变得差不多的时候,关火。

4 加入2和番茄汁,混合。盖上铝箔纸,
 用小火烧15分钟。

谨 必 ‹ 由于是豪爽的渔夫料理,不用在意细节,请大胆地制作。

044 ／196

🦋 从料理看世界 4

西班牙海鲜饭并不难!

西班牙海鲜饭好像是高难度料理的代表,实际上并非
如此。它起初是什么样的料理呢?

关于西班牙海鲜饭的起源有很多种说法,好像是来源
于地中海沿岸的瓦伦西亚。瓦伦西亚的橙子很有名。西班
牙海鲜饭的原型是当地人在橙子田里劳作时吃的饭。他们
将许多的食材和米放在大锅中焖制而成。随后,这道料理
传到海边的渔夫和水手那里。西班牙海鲜饭便诞生了。西
班牙有多种什锦饭。可能由于加入海鲜的饭最香,所以西
班牙海鲜饭的知名度要高于其他什锦饭。

将手头的大量食材和米饭一起焖制,这种简单的料理
就是西班牙海鲜饭。不用太过注意细节,只要享受爽快的
味道即可。

顾不上午休,好心教给我西班牙
海鲜饭做法的餐厅主厨。

我在西班牙的街道上发现的名为
哈蒙塞拉诺的生火腿。大量的肉
悬挂在天花板上。

柔软奶酪

塞尔维亚

料理名 ⚜ 奶酪烤饼 ⚜

脱脂干酪的柔软烤饼

这是用春卷皮包裹脱脂干酪烤制而成的料理。
本料理适合当成早餐或者点心食用。
入口的瞬间，柔软的奶酪简直太美味了。

（30分钟）

材料（2人份）

A　鸡蛋……1个
　　脱脂干酪……200克
　　奶油芝士……100克
　　盐、胡椒粉……少许
春卷皮……2片
融化黄油……50克

制作方法

1　将A放入大碗中，混合搅拌。

2　将融化黄油涂在耐热碟上，铺上春卷皮，涂上1。再盖上春卷皮。

3　在春卷皮的表面涂上融化黄油，用180摄氏度的烤箱烤20分钟。

 ⟨ 脱脂干酪即使冷却也不会凝固，吃起来非常美味。

黏糯的可丽饼

荷兰

料理名 ✤ 厚烤比萨 ✤

厚烤可丽饼制成的柔软比萨

这是用可丽饼代替比萨底做成的料理。
比一般的可丽饼更厚且柔软。
在孩子的生日派对上可以尝试做这道料理。

60分钟

材料（2人份）

A| 鸡蛋……1个
   高筋面粉……50克
   低筋面粉……50克
   发酵粉……¼小勺
   糯米粉……30克
   牛奶……1.5杯（300毫升）
   盐……1小勺
色拉油……1大勺
里脊火腿……4片（切成5毫米宽）
混合芝士……200克

制作方法

1 将A放入大碗中，均匀搅拌，放入冰箱醒30分钟。

2 将色拉油倒入平底锅中加热，用中火煎圆形可丽饼（每次¼的量，做成4块）。

3 将火腿、芝士放在2上，用230摄氏度的烤箱烤8分钟，烤至变成焦黄色。

 ﹤可以靠添加糯米粉来增强面团的黏糯感。

彩椒真好吃！

匈牙利

料理名 ⋟ 匈牙利汤 ⋞

多彩的牛肉彩椒炖菜

在匈牙利，本料理是像日本的味噌汤一样的日常菜肴。
这道料理使用了大量的彩椒，颜色十分鲜艳。
彩椒和牛肉的搭配十分绝妙。

50
分钟

材料（2人份）

A| 大蒜……1瓣（切末）
  | 洋葱……½个（切条）
橄榄油……1大勺
牛腿肉……150克（切丁，边长2厘米）
B| 莳萝……1小勺
  | 红辣椒粉……1大勺
C| 彩椒（红、黄）……各¼个（切丝）
  | 青椒……1个（切丝）
  | 番茄罐头……1罐
盐……1小勺

制作方法

1 将橄榄油倒入平底锅中加热，用中火将
  A炒至柔软。加入牛腿肉，炒至变色。

2 加入B，用小火炒至飘出香气。

3 加入C，煮沸。加入盐，用小火煮30分
  钟（中途如果水少了，继续加水）。

〈添加少量就能使料理味道变浓的红辣椒粉，是源于匈牙利的香辛料。

让人充满活力的酸味

波兰

波兰

料理名 ❧ 酸洋白菜煮香肠 ❧
香肠煮酸洋白菜

本料理是使用具有酸味的酸洋白菜制成的。
在当地一般要重复加热冷却，花数日制作而成。

40
分钟

材料（2人份）

A| 香肠……2根（切薄片）
　 培根……2片（切条，宽5毫米）
　 酸洋白菜（市场贩卖品）……300克
　 卷心菜……⅙个（切长条）
　 洋葱……½个（切薄片）
　 番茄罐头……¼罐
　 苹果醋（有的话）……30毫升（2大勺）
　 水……½杯（100毫升）
盐……1小勺
胡椒粉……少许

制作方法

1　将A放入锅里，煮沸。调至小火，煮30
　 分钟，用盐、胡椒粉调味。

进化

〈能保存很久的酸洋白菜，是难以获取新鲜蔬菜的寒冷地区保留下来的智慧。

048／196048／196　　**65**

请务必尝试一下！

这是用盐调味的去水酸奶。
可以搭配饺子或者肉类食用。

35
分钟

材料（2人份）

酸奶……500克
盐……1小勺

制作方法

1 在漏斗中铺上一层厨房用纸，放入酸奶，静置30分钟，除去水分。

2 将1和盐放入大碗中，搅拌均匀。

土库曼斯坦

料理名 ☞ 酸奶 ☜
盐味酸奶沙司

049 — 196

正宗的酸奶料理

这是酸奶之国的美味吃法。
也叫作白雪沙拉。

15
分钟

材料（2人份）

A 黄瓜……1根（切丝）
   大蒜（末）……¼小勺
   核桃（碎）……30克
   酸奶……1杯（200毫升）
   冷水……½杯（100毫升）
   盐……½小勺
莳萝叶（荷兰芹）……适量
橄榄油……2大勺

制作方法

1 将A放入大碗中，充分搅拌。

2 盛盘，用莳萝叶进行点缀，淋上橄榄油。

保加利亚

料理名 ☞ 酸奶汤 ☜
冰凉酸奶汤

050 — 196

这道北欧料理就像是用鱼肉做成的汉堡肉，既热乎又松软。

20分钟

焦黄色看上去很美味！

冰岛

料理名 ⊱ 鱼饼 ⊰

烤鳕鱼洋葱饼

材料（2人份）

A | 鳕鱼……2块
鸡蛋……½个
洋葱……½个
牛奶……¼杯（50毫升）
小麦粉……3大勺
盐……½小勺
胡椒粉……少许
黄油……1大勺（12克）

制作方法

1 将A放入食品处理器中，做成肉糜，分成6等份之后弄成圆形。

2 用平底锅将黄油加热，用大火将1的两面煎成焦黄色。

用烤茄子做成酱。
将茄子酱冷却之后，和法棍一起食用。

15分钟

花点工夫就能
创造出这等美味

罗马尼亚

料理名 ⊱ 蔬菜吐司 ⊰

烤茄子吐司

材料（2人份）

茄子……1个
A | 洋葱……¼个（切碎）
蛋黄酱……1小勺
柠檬汁……1小勺
橄榄油……3大勺
盐、胡椒粉……少许
法棍……4片（1.5厘米厚）

制作方法

1 用烤鱼架将茄子连皮烤。烤至颜色变成全黑。

2 去皮，冷却之后，用菜刀剁成末。

3 将2放入大碗中，加入A，充分搅拌。放在法棍上盛盘。

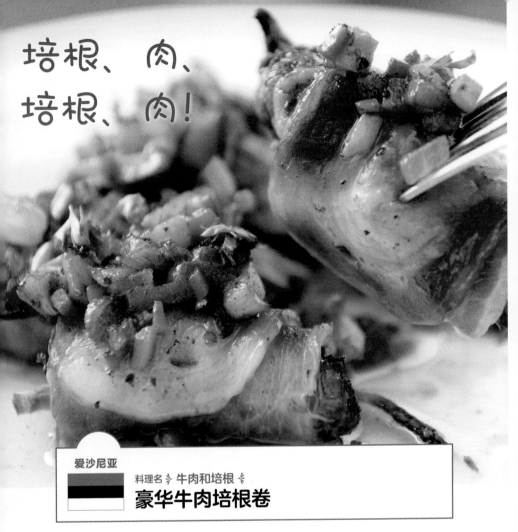

培根、肉、
培根、肉！

爱沙尼亚

料理名 🍴 牛肉和培根 🍴

豪华牛肉培根卷

这是将胡萝卜牛肉卷再次用培根卷起制成的料理。
肉汁欲滴，对于喜欢吃肉的人来说是非常美味的一道菜。
由于本料理香味浓郁，也适合当成便当的配菜。

（30分钟）

材料（2人份）

牛肉薄片……80克（分成4等份）
培根……4片
胡萝卜（做卷用）……½根（切成16条）
A｜ 洋葱……¼个（切丁）
　｜ 胡萝卜……¼根（切丁）
黄油……2大勺（24克）
盐……½小勺
胡椒粉……少许

制作方法

1 将每4根胡萝卜条用牛肉片卷起。然后
　再将整体用培根卷起，用牙签固定。

2 用平底锅将黄油加热，用中火将A炒至
　柔软。用盐、胡椒粉调味。

3 将另外的平底锅加热，用中火将1的两
　面分别煎10分钟。最后加上2。

68 若在2中加入生奶油，香味会更浓郁，变得更美味。

立陶宛，真棒!

立陶宛

料理名 ❧ 土豆饼 ❧

肉丸土豆饼

立陶宛最有名的美食就是这道料理。
虽然土豆饼的外表很不可思议，但是软糯的口感让人吃了一次就上瘾。

50
分钟

材料（2人份）

土豆……3个（切碎）
土豆（泥）……1个的量
太白粉……3大勺
A│ 肉末……250克
 │ 洋葱……½个（切碎）
 │ 盐……½小勺
 │ 胡椒粉……少许
B│ 培根……50克（切条，5毫米宽）
 │ 洋葱……½个（切碎）
C│ 酸奶油……½杯（100毫升）
 │ 盐……½小勺
 │ 胡椒粉……少许

制作方法

1 将土豆碎末用毛巾包裹，拧干。将拧出来的汁液中的水除去，只留下沉淀的淀粉。在大碗中放入土豆泥、土豆碎末和淀粉，再加入太白粉，充分搅拌。

2 在另外的大碗中放入A，揉搓。

3 将1和2分成8等份，用1将2包裹成橄榄球的形状。用小火煮20分钟。除去水分，盛盘。

4 将B放在另外的锅里，用中火炒至飘出香味。加入C，等到酸奶油融化之后关火，浇到3上。

＜土豆饼的硬度最好是"比耳垂稍微硬一点"。

大人的小吃

捷克

料理名 ≽ 土豆煎饼 ≼

啤酒之国的土豆煎饼

用土豆做成的表皮搭配香肠和酸洋白菜的馅料。
这是以啤酒闻名的捷克的风味料理。
推荐孩子在白天食用，大人可以在夜晚搭配酒享用。

（30 分钟）

材料（2人份）

土豆……3个
A｜鸡蛋……½个
　｜大蒜（末）……½小勺
　｜牛至（有的话）……1小勺
　｜小麦粉……3大勺
　｜盐……½小勺
　｜胡椒粉……少许
黄油……1大勺（12克）
香肠……4根（煮）
酸洋白菜（市场贩卖品）……200克

制作方法

1　将土豆弄碎，和A混合，摊平。

2　将黄油放入平底锅中加热，用小火将1的两面各煎10分钟，煎成褐色（分成两半，分别呈圆形摊开）。

3　用2包裹香肠、酸洋白菜，盛盘。

70　　〈土豆很容易焦，所以需要用小火慢慢地煎。

里面放了什么呢？

奥地利

料理名 ≥ 鸡肉蔬菜烤饼 ≤

鸡肉蔬菜的奶汁烤饼

这是像可丽饼一样用皮将蔬菜和肉包裹起来制成的烤饼。
蔬菜事先蒸过，带着清甜的味道。
上到餐桌上慢慢享用吧。

110
分钟

材料（2人份）

鸡蛋……1个
低筋面粉……100克
牛奶……1.25杯（250毫升）
盐……1小勺
胡椒粉……少许
色拉油……1大勺
洋葱……¼个（切薄片）
A | 鸡胸肉……200克（切丁，边长1厘米）
  | 胡萝卜……¼根（切成银杏叶形）
西兰花（煮）……100克（切成一口大）
黄油……20克
盐、胡椒粉……少许
混合芝士……300克

制作方法

1　制作外皮。将鸡蛋放入大碗中，用打蛋
　　器搅拌。加入低筋面粉，一边加入牛奶
　　一边搅拌。加入盐、胡椒粉，放在冰箱
　　中醒1小时。

2　将色拉油倒入平底锅中加热，将1摊开。
　　用小火将其表面煎干，反复煎至变色。

3　制作馅料。将黄油放入平底锅里加热，
　　用中火将洋葱炒至柔软。加入A、西兰
　　花，撒上盐、胡椒粉，翻炒。

4　在表皮的一半放上馅料，对折包起。上
　　面放上混合芝士，用230摄氏度的烤箱烤
　　10分钟。

 制作面皮时，一大勺面糊可制作1张。

煎三文鱼，超棒！

挪威

料理名 ⸬ 煎三文鱼 ⸬

黄油煎三文鱼

咬上一口，黄油的味道就会在嘴里弥漫。
这道料理是挪威引以为豪的绝妙美食。
这道料理给人的感觉十分新潮。搭配米饭食用应该不错。

15 分钟

材料（2人份）

三文鱼……2块
盐、胡椒粉……适量
小麦粉……适量
黄油……3大勺（36克）
A｜ 莳萝（荷兰芹）……2根（切碎）
　｜ 盐……½小勺

制作方法

1 将盐、胡椒粉撒在三文鱼上，再整体涂上小麦粉。

2 将黄油放入平底锅中加热，用中火将1的两面各煎5分钟，煎成焦黄色。

3 将A撒在其表面。

黄油刚开始有点焦的时候，是最香的，所以请注意烹调的时机。

似有若无的味道

卢森堡

料理名 ⨞ 煎三文鱼、酱汁、乡村杏仁 ⨞

煎三文鱼搭配杏仁黄油酱汁

这是一道搭配杏仁和黄油酱汁食用的料理。
浓郁的香味勾起食欲。
三文鱼华丽变身！

30 分钟

材料（2人份）

杏仁片……30克
三文鱼……2块
小麦粉……适量
盐、胡椒粉……少许
黄油……1大勺（12克）
柠檬汁……1大勺
黄油（酱汁用）……80克
荷兰芹……少许（切碎）

制作方法

1　将平底锅加热，用小火将杏仁片炒至变色，取出。

2　在三文鱼上撒上盐、胡椒粉，涂满小麦粉。

3　用平底锅加热黄油，用中火将2的两面各煎5分钟。

4　在另外的锅里将黄油（酱汁用）用中火加热。等到开始有点焦了以后，加入柠檬汁，关火。加入荷兰芹和1。

⊰ 用从春天到夏天积累了不少脂肪的三文鱼来制作，别具一番风味。

期待不已！

格鲁吉亚

料理名 ≥ 炸土豆 ≤

香菜炸土豆

25分钟

这道料理被称作"格鲁吉亚风炸土豆"。
炸土豆非常入味，很好吃。
配料中含有葡萄酒醋，吃起来十分爽口。

材料 (2人份)

土豆……2个（切成边长2厘米大小的块）
色拉油……2大勺
洋葱……½个（切片）
A｜ 彩椒（红、黄）……各¼个（切片）
　｜ 青椒……½个（切片）
　｜ 葡萄酒醋……30毫升（2大勺）
　｜ 盐、胡椒粉……少许
香菜……1把（随意切成3厘米长）

制作方法

1　制作炸土豆。将土豆用180摄氏度的色拉油炸7分钟。

2　将色拉油倒入平底锅中加热，加入洋葱，用中火炒至柔软。

3　加入A和1，用中火炒5分钟。盛盘，加上香菜做装饰。

＜ 土豆切开先泡在水里，然后沥干水分再炸，会更好吃。也可以加入肉类一起炒，更美味。　　　　　059 ／196

🌱 从料理看世界 5

美食爱好者们喜欢的格鲁吉亚料理

格鲁吉亚是位于黑海沿岸的国家。

我的一个主厨朋友称赞格鲁吉亚料理是世界上最美味的。

格鲁吉亚北靠俄罗斯，西邻黑海。作为亚欧大陆的贸易中转地，这里聚集了各种各样的商品和香辛料。这里的料理也是吸取了各地料理的优良之处发展起来的。此外，当地的葡萄酒、芝士的味道也很独特，特别是葡萄酒极具特色。格鲁吉亚有着悠久的葡萄酒制造历史，其制造葡萄酒的方法被列入世界遗产。

关于这点可能有人听说过。格鲁吉亚葡萄酒在日本很少见，因此价格很高，在葡萄酒爱好者中十分受欢迎。

葡萄酒能使料理变得更美味，料理也能使葡萄酒变得更美味，这让世界上的美食爱好者们欲罢不能。如果喜欢吃的话，一定要去格鲁吉亚旅行一次。

大块的烤鸡肉

料理名 ⟩ 烤串 ⟨

鸡肉和蔬菜的串烧

超大块食材的串烧料理。
用腌制过的鸡肉进行烧烤，鲜嫩美味。
在家也能轻松做烧烤！

50分钟

材料（2人份）

A| 鸡腿肉……1块（切成一口大）
　大蒜（末）……1小勺
　白葡萄酒……2大勺
　橄榄油……2大勺
　牛至……½小勺
　百里香……½小勺
　盐、胡椒粉……少许
洋葱……1个（切成月牙状）
青椒……1个（切长条）

制作方法

1　将A放入大碗中，充分搅拌，在冰箱中腌制30分钟。

2　用铁串将鸡肉、洋葱、青椒按顺序串起，在230摄氏度的烤箱中烤15分钟，烤至鸡肉变成焦黄色。

76 ⟨吉尔吉斯斯坦的烤鸡肉。将原料切成大块，慢慢用火烤熟，十分美味。

瞬间吃完

拉脱维亚

料理名 彡 酸奶油肉饼 彡

添加酸奶油的东欧汉堡肉

本料理的制作方法和日式汉堡肉几乎一样。
添加酸奶油，能够使味道更爽口，让人更有食欲。

40分钟

材料（2人份）

A| 肉末……300克
　　搅匀的蛋液……½个的量
　　洋葱……½个（切末）
　　大蒜（末）……½小勺
　　橄榄油……1大勺
　　盐……1小勺
　　胡椒粉……少许
酸奶油……½杯（100毫升）
橄榄油……适量

制作方法

1　将A放入大碗中，充分搅拌。分成2等份，弄成圆形。

2　将橄榄油倒入平底锅中加热，用强火煎1。等到变成焦黄色之后翻面，盖上盖子，用很小的火煎20分钟。

3　盛盘，添加酸奶油。

和日式汉堡肉不同，这道料理没有酱汁，通常是搭配酸奶油食用。

感冒的时候可以做这个

希腊

料理名 ⋟ 鸡蛋柠檬汤 ⋞

鸡蛋柠檬汤

鸡蛋和柠檬的组合很少见。
它清爽的味道让人想起杂烩粥。
做好了之后会产生像奶油一样的口感。

100
分钟

材料（2人份）

A| 鸡腿肉……1块
   洋葱……½个（切薄片）
   胡萝卜……½根（切薄片）
   水……4杯（800毫升）
米……30克（事先洗好）
鸡蛋……1个
B| 柠檬汁……1大勺
   盐……1小勺

制作方法

1 在锅里放入A，煮沸。用小火煮50分钟，用漏勺过滤，去除汤汁。待鸡肉冷却之后切成小块。取出胡萝卜和洋葱。

2 把鸡肉放回1的汤汁中，加入米，用小火煮20分钟，煮至柔软。

3 在大碗中把鸡蛋搅匀，将2的汤汁的¼慢慢倒入并且搅拌。

4 将3慢慢倒入2的锅里。之后会变得黏稠，再加入B调味。

过分加热蛋液的话会导致分离，所以要关火搅拌。

啊！是栗子！是加州梅！

阿塞拜疆

料理名 ✦ 羊肉干果 ✦

羊肉炖干果

这是一道饱含栗子、加州梅甜味的炖菜。
浓醇的味道令人上瘾，适合在秋天食用。
虽然做法很简单，却很适合用来招待客人。

⏰ 70 分钟

材料（2人份）

干加州梅……6个
羊肉（牛腿肉）……300克（切成一口大）
A｜ 洋葱……1个（切薄片）
　 姜黄粉……2大勺
色拉油……1大勺
B｜ 甜栗……6个
　 水……½杯（100毫升）
　 盐……1小勺
　 胡椒粉……少许

制作方法

1　将加州梅放在足量的热水中浸泡30分钟。

2　将色拉油倒入平底锅中加热，用中火煎羊肉，等其变成焦黄色之后取出。

3　在同一个平底锅中加入A，用中火炒至柔软。

4　加入1和2，再加入B，用小火煮30分钟。

加州梅富含铁，推荐贫血的人食用。

颜色真漂亮

乌克兰

料理名 ⚘ 甜菜牛肉 ⚘

甜菜炖牛肉

寒冷国度专属的温热炖菜。
甜菜鲜艳的色彩，即使在寒冷的冬日也让人心情明朗。

100
分钟

材料（2人份）

A| 牛腿肉……80克
   水……2.5杯（500毫升）
B| 卷心菜……⅛个（切条）
   洋葱……1个（切薄片）
   胡萝卜……½根（切银杏叶形）
   甜菜（罐装）……½罐（切丝）
盐……1小勺
胡椒粉……少许

制作方法

1　在锅里放入A，煮沸。除沫之后，用小火煮1小时。将牛肉取出，切成一口大小。

2　将牛肉放回锅中，加入B，用中火煮30分钟。用盐、胡椒粉调味。

< 若最后再放些酸奶油，就可以享受不一样的味道。

看上去像蛋糕一样！

料理名 ≩ 千层沙拉 ≩

土豆沙拉千层派

将原料层层叠加，制成豪华的土豆沙拉。
外形洋气，味道也十分美味。
参加自带料理派对时可以制作这道料理。

30
分钟

材料（2人份）

A| 土豆……2个（切条）
| 胡萝卜……½根（切条）
洋葱……½个（切末）
甜菜（罐装）……50克（切粗丝）
凤尾鱼酱……10克
煮鸡蛋……1个（切碎）
荷兰芹（末）……1小勺
蛋黄酱……50克

制作方法

1 用中火将A煮5分钟，然后将条状的土
豆和胡萝卜分别切成丁。

2 在圆形的蛋糕模具中，按土豆、蛋黄酱、
胡萝卜、蛋黄酱、土豆、洋葱、凤尾鱼
酱、蛋黄酱、甜菜、煮鸡蛋、荷兰芹的
顺序，层层叠加。

切末很费功夫，但是最后的成品让人很有成就感。

这和啤酒很搭

克罗地亚

料理名 ⇒ 手工香肠 ⇐

克罗地亚风手工香肠

这种香肠是不用将肉末灌入肠衣也能做成的轻食香肠。
满溢的肉汁和香料的香味，让人不知不觉就喝下很多啤酒。

(30 分钟)

材料（2人份）

肉末……200克
红辣椒粉……1小勺
盐……½小勺
胡椒粉……少许

制作方法

1　将所有材料放入大碗中，充分揉搓。做成长7厘米的棒状。

2　将油（未列入材料表）倒入平底锅中加热，盖上锅盖，用小火各煎两面10分钟。

如果有羊肉末的话可以加入一半羊肉，会更接近当地的味道。

066 ／196

斯洛文尼亚

料理名 ⇒ 土豆炒洋葱 ⇐

土豆香炒洋葱

这是一道做法简单，却十分美味的土豆料理。
有着洋葱的甜味。
在当地和肉类料理或者炖菜一起食用。

(40 分钟)

材料（2人份）

土豆（煮）……2个
洋葱……1个（切末）
黄油……1大勺（12克）
盐……1小勺
胡椒粉……少许

制作方法

1　将黄油放入平底锅中加热，将洋葱炒至变成茶色。

2　加入土豆，撒上盐、胡椒粉，边捣烂边翻炒。

只需要将煮过的土豆加洋葱一起翻炒，然后再撒上盐、胡椒粉。简单又美味。

067 ／196

幸福的味道

这可以说是波黑风的土豆炖牛肉。

材料（2人份）

A| 牛腿肉······200克（切成一口大）
 | 水······2.5杯（500毫升）
B| 土豆······1个（切块）
 | 洋葱······1个（切成月牙状）
 | 胡萝卜······½根（切块）
 | 番茄罐头······½罐
盐······1小勺
胡椒粉······少许

制作方法

1 将A放入锅里，煮沸。除沫之后，用小火煮2个小时。取出牛肉，待其冷却之后，切成一口大。

2 将牛肉放回汤汁中，加入B，煮沸。用盐、胡椒粉调味，再用小火煮30分钟。

波黑

料理名 土豆牛肉

波黑风土豆炖牛肉

068 —196

浓浓的奶油香

浓浓的奶油汤可以搭配红酒食用。

材料（2人份）

洋葱······½个（切薄片）
红辣椒粉······2大勺
橄榄油······1大勺
A| 鸡腿肉······1.5块（切成一口大）
B| 彩椒（红）······½个（切丝）
 | 生奶油······¼杯（50毫升）
 | 水······¼杯（50毫升）
盐······1小勺
胡椒粉······少许

制作方法

1 将橄榄油倒入锅里加热，用中火将洋葱炒至柔软。加入红辣椒粉，再炒2分钟。

2 加入A，用中火炒5分钟。

3 加入B，用小火煮20分钟。用盐、胡椒粉调味。

斯洛伐克

料理名 鸡肉奶油汤

鸡肉彩椒奶油炖菜

069 —196

在美味的肉饼中，暗藏着柔软的芝士。

⏰ 30分钟

材料（2人份）

A 肉末……400克
　　洋葱……¼个（切末）
　　盐……1小勺
　　胡椒粉……少许
天然芝士……60克（切成1厘米大小的丁）
色拉油……少许

制作方法

1 将A放入大碗中，充分揉搓。分成2等份，中间塞入芝士，做成树叶的形状。

2 将色拉油倒入平底锅中加热，用大火煎1。等到有些焦黄了之后翻面，用小火再煎10分钟。

北马其顿

料理名 ▶ 芝士肉饼 ◀

巴尔干半岛的芝士肉饼

本料理是在土豆泥中加入煮卷心菜混合而成的沙拉。

⏰ 30分钟

哇！是芝士！

花点工夫做土豆泥

材料（2人份）

土豆（煮）……2个
卷心菜（煮）……100克（随意切开）
A 大蒜……½瓣
　培根……50克（切短条）
橄榄油……1小勺
盐……1小勺
胡椒粉……少许
小番茄……2个（分成4等份）

制作方法

1 将土豆做成泥。

2 将油倒入平底锅中加热，用中火将A炒出大蒜的香味。加入1和卷心菜，撒上盐、胡椒粉，炒至没有水分。

3 盛盘，用小番茄做装饰。

安道尔

料理名 ▶ 土豆泥沙拉 ◀

卷心菜培根土豆泥

85

好像软糯的意大利面

哈萨克斯坦

料理名 ⟩ 乌冬面 ⟨

羊肉蔬菜乌冬面

这是用粗面和番茄酱汁做成的像意大利面一样的料理。
哈萨克斯坦风味的面食，别有一番滋味。

（50 分钟）

材料（2人份）

A｜大蒜（末）……½小勺
　　生姜（末）……½小勺
　　洋葱……½个（切薄片）
　　彩椒3种（红、黄、橙）……各½个（切条）
色拉油……1大勺
羊肉（牛腿肉）……200克（剁碎）
B｜番茄罐头……½罐
　　莳萝……1小勺
　　盐……½小勺
　　胡椒粉……少许
乌冬面……2团

制作方法

1　将色拉油倒入平底锅中加热，用中火将A炒至柔软。加入羊肉，继续炒5分钟。

2　加入B，用小火煮30分钟。

3　将乌冬面煮好之后，浇上2的酱汁。

推荐用生的乌冬面或扁面条。要充分蘸取酱汁食用。

不需要调味汁

塔吉克斯坦

料理名 ⫸ 沙卡罗 ⫷

盐和柠檬的手工沙拉

在切碎的蔬菜中放入盐和柠檬汁。
用手充分揉搓，渗出的水分就是最好的调味汁。

5
分钟

材料（2人份）

A 黄瓜……1根（切成半圆形）
 洋葱……½个（切丝）
 番茄……1个（切小块）
 彩椒（黄）……½个（切条）
盐……1小勺
柠檬汁……1小勺
干荷兰芹……1小勺

制作方法

1 将A放入大碗中，撒上盐，用手充分揉搓20秒左右，直到蔬菜中的水分渗出。

2 加入柠檬汁，搅拌。撒上干荷兰芹（有条件的话可以用新鲜的）。

在蔬菜上撒上盐揉搓，渗出的汁可以当作调味汁使用。

一滴汤汁都不想浪费

白俄罗斯

料理名 ❧ 酸奶油猪肉炖菜 ❧

猪肉酸奶油炖菜

酸奶油的酸味中和了猪肉的油腻。
这道料理有着仿若芝士般的美味。

40
分钟

材料（2人份）

猪里脊肉……2块
黄油……1大勺（12克）
洋葱……½个（切薄片）
酸奶油……½杯（100毫升）
小麦粉……1大勺
盐、胡椒粉……少许

制作方法

1　在平底锅中加热黄油，用中火将猪肉两
　　面各煎5分钟。加入洋葱，炒至柔软。
　　将小麦粉涂在猪肉上。

2　调成小火，加入酸奶油，用盐、胡椒粉
　　调味，煮20分钟。

＜ 酸奶油可以用脱水酸奶加少量柠檬汁代替。

宿醉之后想吃的料理

葡萄牙

料理名 ⫷ 土豆香肠汤 ⫸
土豆末香肠汤

本料理是将土豆放入搅拌器中制作而成的汤。
黏稠的汤汁和柔和的味道让人难以忘怀。
微辣的香肠是这道菜的亮点。

40
分钟

材料（2人份）

A| 大蒜……½瓣（切薄片）
  | 洋葱……¼个（切薄片）
橄榄油……3大勺
B| 土豆……2个（切圆片）
  | 白汤……2杯（400毫升）
  | 盐、胡椒粉……少许
羽衣甘蓝……50克
辣香肠……若干片

制作方法

1 将橄榄油倒入锅中加热，用中火将A炒
  至柔软。

2 加入B，用中火将土豆煮至柔软。

3 关火，将2冷却之后放入食品处理器中
  处理。然后放回锅中，加入羽衣甘蓝，
  用中火煮5分钟。

4 盛盘，使辣香肠浮在表面，浇上橄榄油。

文化 由于是简单的汤，越用心去做越美味。

派里饱含米饭和三文鱼!

料理名 ⇒ 三文鱼米饭派 ⇐

三文鱼米饭烤派

如图所示，本道料理是包裹三文鱼和米饭的烤派。
对于日本人而言是惊奇的组合，但其实黄油米饭的甜味非常适合搭配三文鱼食用。

70 分钟

材料（2人份）

米饭……茶碗1碗的量
黄油……20克
三文鱼（咸三文鱼）……2块
橄榄油……1大勺
盐、胡椒粉……少许
冷冻面皮……400克
搅匀的蛋液……1个鸡蛋的量

制作方法

1　制作黄油米饭。在米饭中混入黄油搅拌，冷却后放在一边。

2　除去三文鱼的皮和骨头，撒上盐、胡椒粉。将橄榄油倒入平底锅中加热，用中火将三文鱼两面各煎5分钟。

3　用擀面杖将面皮擀成5毫米厚，切成两片。在一片面皮上放上三文鱼和黄油米饭，再用另一片面皮包起。

4　将搅匀的蛋液涂在派上，用200摄氏度的烤箱烤40分钟。

＜这是将米饭当作蔬菜使用的国度的独特做法。黄油和三文鱼是最佳拍档。

用肉把肉卷起来！

马耳他

料理名 ⚐ 牛肉卷 ⚐

肉丸牛肉卷煮番茄

本料理是用牛肉卷起肉丸做成的，属于男孩子喜欢的料理。
成年人会想要搭配红酒食用。

(80分钟)

材料（2人份）

A| 大蒜（末）……½小勺
  洋葱……½个（切末）
  橄榄油……3大勺

B| 番茄罐头……1罐
  牛至……½小勺
  盐……1小勺

C| 牛肉末……300克
  洋葱……¼个（切末）
  搅匀的蛋液……½个鸡蛋的量
  面包粉……20克
  肉豆蔻……¼小勺
  盐……½小勺
  胡椒粉……½小勺

牛肉薄片……200克
橄榄油……2大勺

制作方法

1 制作番茄汤汁。将油倒入锅里加热，用中火将A炒至柔软。加入B，煮沸之后，用小火再煮30分钟。

2 制作肉丸。将C放入大碗中，充分搅拌。分成4等份，用牛肉薄片卷起。将油倒入平底锅中加热，一边煎一边翻转，直到变成焦黄色（里面未熟透也可以）。

3 将2放入1中，再用小火煮20分钟。

 ＜牛肉不能顺利卷起的时候，可以用牙签固定。

酸酸甜甜

梵蒂冈

料理名 猪排葡萄酒醋汁

猪里脊肉排搭配葡萄酒醋汁

酸酸甜甜的葡萄酒醋汁能引起食欲。加入这种酱汁后即使是油腻的猪肉也能大口吃光。
如果生姜烧吃腻了的话，请尝试一下这道料理。

20
分钟

材料（2人份）

猪里脊肉……2块
盐、胡椒粉……少许
橄榄油……3大勺
A｜ 红酒……¼杯（50毫升）
　｜ 酱油……1大勺加1小勺（20毫升）
　｜ 葡萄酒醋汁……¼杯（50毫升）

制作方法

1　将猪肉去筋，撒上盐、胡椒粉。

2　将油倒入平底锅中加热，用大火将1的两面煎成焦黄色。

3　在另外的锅中加入A，用小火煮至黏稠，大约5分钟。然后浇在2上。

要点

葡萄酒醋汁用大火煮的话很容易焦，请用小火。

078 —— 196

🌾 从料理看世界 6

根据不同时期，饮食习惯也会发生变化的国家

　　被意大利包围，比东京迪士尼乐园还小的国家——梵蒂冈。它的全部国土都属于世界遗产。当地的庭院和建筑物都美得令人心醉。

　　位于国家中心的是世界上最大的教堂——圣彼得大教堂，教皇就在此处。这个国家仿佛是为了教会而存在的，那么梵蒂冈的料理又是什么样的呢？

　　梵蒂冈实际上是没有自己独有的传统料理的。因为教皇食用的料理是随着教皇的更替而产生变化的。

　　因为教皇是从全世界的教徒中选出来的，阿根廷人或者德国人都有可能当

选。这样的话，肯定是食用阿根廷料理或者德国料理。如此一来，不同的教皇在位时吃的料理也不一样。这点非常不可思议吧？

　　梵蒂冈国内也有餐厅。在那里供应的是什么料理呢？我非常在意这点，特地问了住在意大利的朋友，他说在餐厅大家都理所应当地吃着意大利菜。因此，这次我选择了猪排，也就是在一般的餐厅能吃到的意大利菜。

正是虾仁奶油
可乐饼

料理名 ≫ 虾仁可乐饼 ≪
虾仁芝士可乐饼

这道料理就是在虾仁奶油可乐饼中放入了芝士。
趁热吃的时候芝士会拉丝。
这是混合了芝士和虾仁的炸物，让人忍不住想要搭配啤酒食用。

材料（2人份）

黄油（酱汁用）……30克
低筋面粉……30克（用筛子过滤）
牛奶……1杯（200毫升）
A│ 小虾仁……60克
　│ 洋葱……¼个（切末）
黄油（食材用）……1小勺（4克）
B│ 融化芝士……30克
　│ 盐……½小勺
C│ 小麦粉……适量
　│ 搅匀的蛋液……1个的量
　│ 面包粉……适量

制作方法

1　制作酱汁。在锅里将黄油加热，加入低筋面粉，用小火翻炒5分钟，注意不要炒焦。将牛奶一边慢慢倒入，一边搅拌。

2　在另外的锅中将黄油加热，用大火炒A，加入1和B，用小火煮5分钟。然后放到盘子里，静置30分钟左右，使其完全冷却。

3　将2分成6等份，弄成圆形，按顺序裹上C，用180摄氏度的油（未列入材料表）炸7分钟左右，炸得酥脆。

《使酱汁略微凝固是一个窍门。这样比较容易弄成圆形，炸的时候也不容易散开。

真洋气呀!

阿尔巴尼亚

料理名 ⟫ 米饭馅饼 ⟪

薄荷芝士米饭可乐饼

这是将薄荷、芝士、米饭做成圆形炸制而成的料理。
芝士的浓郁香味中又带着薄荷清爽的香气。
这是日本人所不熟悉的味道，但却十分美味。

15
分钟

材料 (2人份)

A| 米饭……适量（温热的）
  薄荷……4根（切碎）
  帕尔马干酪……3大勺
小麦粉……适量
搅匀的蛋液……1个鸡蛋的量
面包粉……适量
色拉油……适量

制作方法

1　将A放入大碗中，充分搅拌。

2　将1分成6等份，做成乒乓球大小的球形。

3　在2上依次裹上小麦粉、搅匀的蛋液、面包粉，用180摄氏度的色拉油炸5分钟，炸至酥脆。

 和做饭团一样，如果米饭不是温热的，是不会黏在一起的，请注意。

浓浓的玉米的味道

这是用玉米粉团子制成的汤。

列支敦士登

料理名 ⟫ 玉米团子汤 ⟪
玉米粉团子汤

材料（2人份）

A| 玉米粉……50克
  低筋面粉……50克
  水……70毫升
B| 秋葵……4根（切圆形）
  洋葱……½个（切薄片）
  番茄罐头……¼罐
  白汤……1杯（200毫升）
  盐……½小勺
  胡椒粉……少许

制作方法

1 将A放入大碗中，充分揉搓。分成6等份，做成小金币形的小圆饼。

2 将B放入锅里，煮沸。

3 加入1的小圆饼，用小火煮30分钟。

只用盐、胡椒粉调味

位于古丝绸之路中心地带的烩饭。

乌兹别克斯坦

料理名 ⟫ 羊肉胡萝卜饭 ⟪
羊肉胡萝卜烩饭

材料（2人份）

A| 羊肉（牛腿肉）……100克（切成一口大）
  胡萝卜……½根（切丁）
色拉油……3大勺
泰国米（日本米）……0.1升
水……210毫升
盐……½小勺
胡椒粉……少许

制作方法

1 将色拉油倒入土锅中加热，加入A，用中火炒5分钟。加入泰国米，再炒5分钟。

2 加入水，搅拌至沸腾。加入盐、胡椒粉，盖上盖子，再用小火煮15分钟。

3 关火，焖15分钟，从锅底开始搅拌。

一滴汤汁也不想剩下

俄罗斯

料理名 ➤ 牛肉酸奶油炖菜 ➤

牛肉酸奶油炖菜

酸奶油是由生奶油发酵而成的酸味和香味都很棒的食材。
酸奶油和肉的味道融合在一起之后，会产生更深层次的风味。

40分钟

材料（2人份）

牛肉薄片……200克（切成1厘米宽）
色拉油……1大勺
洋葱……½个（切条）
小麦粉……1小勺
A 番茄罐头……2大勺
　 酸奶油……1杯（200毫升）
　 盐……½小勺
　 胡椒粉……¼小勺

制作方法

1　将色拉油倒入平底锅中加热，用中火炒牛肉。炒至变成焦黄色后取出。

2　在同一个平底锅中放入洋葱，用中火炒至变成褐色。撒入小麦粉，炒2分钟左右。

3　加入1的牛肉和A，用小火煮20分钟。

洋葱一定要炒至变成褐色。如果没时间的话，可以用市场贩售的辣酱作为调味料。

洋气的炸猪排!

德国

料理名 ⇒ 炸猪排·菌汤 ⇐
面包粉炸猪排搭配奶油菌汤

本道料理是由炸得酥脆的猪排搭配奶油菌汤制成的。
只是改变熟悉的料理的搭配,就能产生新的味道。

30
分钟

材料(2人份)

猪里脊肉(炸猪排用)……2块
盐、胡椒粉……适量
A| 小麦粉……适量
　　搅匀的蛋液……1个鸡蛋的量
　　面包粉……适量
菌菇类(随便哪种)……300克
黄油……2大勺(24克)
白葡萄酒……¼杯(50毫升)
盐、胡椒粉……适量
生奶油……½杯(100毫升)
黄油(酱汁用)……3大勺

制作方法

1　将盐、胡椒粉略微撒在猪肉上。按顺序
　　裹上A中的材料。

2　将黄油加热,用中火将菌菇炒至柔软,
　　加入白葡萄酒,煮至剩⅓的量。用盐、
　　胡椒粉调味。

3　在另外的平底锅中加热黄油,用大火煎
　　1。一面煎得酥脆了之后换一面,再用
　　小火煎10分钟。浇上2的汤汁。

⟨为了使菌菇的味道充分渗入,需要慢慢煮透。把猪肉换成鸡肉或者牛肉也可以。

真的是只用土豆做成的吗？

瑞士

料理名 ❧ 土豆饼 ❧

带焦痕的土豆饼

本料理是用土豆煎烤而成的简单料理，
香味浓郁，十分美味。
可以搭配肉类料理食用，也可以单独作为早饭食用。

60 分钟

材料（2人份）

土豆（五月皇后）……3个
盐……2小勺
胡椒粉……½小勺
黄油……1大勺（12克）

制作方法

1　将土豆稍微煮一下，用切片机切成片。
撒上盐、胡椒粉，静置5分钟左右。

2　在平底锅中加热黄油，用中火将1反复
煎烤15分钟。

3　盖上盖子，用很小的火将土豆饼的两面
各煎15分钟，煎出焦痕。

煎的时候如果动的话，土豆饼表面就会不平整。不要着急，慢慢煎吧。

令人震惊的美味

塞尔维亚
科索沃地区

料理名 ⚡ 煎肉饼 ⚡

小块肉饼搭配酸奶

本道料理是来自科索沃的煎肉饼。科索沃位于经常食用肉类的巴尔干半岛。
本料理的制作方法和日式汉堡肉几乎一样，酸奶的酸味使得口感更加爽口。

30
分钟

材料（2人份）

A| 肉末……300克
 | 洋葱……¼个（切末）
 | 搅匀的蛋液……½个鸡蛋的量
 | 盐……1小勺
 | 胡椒粉……少许
橄榄油……3大勺
酸奶……1杯（200克）

制作方法

1 将A放入大碗中，充分揉搓，分成6等
 份，制作成小块的肉饼。

2 将橄榄油倒入平底锅中加热，用大火煎
 1，等到变成焦黄色了翻个面，盖上盖
 子用小火再煎10分钟。

3 盛盘，浇上充分搅拌的酸奶。

进步
⟨ 翻面之后，盖上盖子进行煎蒸会使得肉饼更加柔软。

086／196

🌱 从料理看世界 7

追寻神秘的科索沃料理

　　科索沃地区有着美丽的溪谷和城市，在乡村有着巨大的草原。

　　科索沃地区在历史上曾经有过许多纷争，如今结束了所有纷争之后，它的街道重新归于平静，但科索沃料理的食谱却很难找到，我也是特地花了很大工夫。

　　那是在写这本书之前，在2010—2012年，我举办了在餐厅制作世界各地有特色的料理的活动。我在许多图书馆查找科索沃料理，却一无所获。

　　我最后的依靠是社交网站。刚好有个社团是由嫁给科索沃人的日本女性主办的。我发送信息之后，收到了回复："科索沃地区有着独特的景观和文化。如果能通过料理告诉大家科索沃地区的魅力，我们也就感到心满意足了。" 随后这个社团还给我寄来了当地的珍贵调味料。上述食谱也是他们告诉我的。

洋气的风味炸鸡

黑山

料理名 ❧ 炸鸡 ❧

芝士炸鸡

本道料理是用鸡肉将低脂芝士卷起来炸制而成。
只需要将蛋黄酱溶于水便制成酱汁。
搭配面包食用也很美味！

(20) 分钟

材料（2人份）

鸡胸肉……300克（分成6等份）
低脂芝士……90克
盐……½小勺
胡椒粉……少许
A│ 搅匀的蛋液……½个的量
 │ 小麦粉……50克
 │ 水……30毫升（2大勺）
蛋黄酱……50克
水（酱汁用）……10毫升（2小勺）
色拉油……适量

制作方法

1　将鸡肉切成薄片，卷起芝士，撒上盐、
　胡椒粉，涂上小麦粉（未列入材料表）。

2　将A混合，裹在1的成品上，用180摄氏
　度的色拉油炸6分钟左右，炸得酥脆。

3　将蛋黄酱放入水中溶解，浇在2上。

＜如果只加入鸡蛋的蛋白部分并打出泡，就能够做出西式炸饼的感觉。

只要充分炖煮就可以了

摩纳哥

料理名 ⚓ 鳕鱼汤 ⚓

鳕鱼番茄炖菜

摩纳哥是美食的国度，
融合了法国南部和意大利的饮食文化。
本道料理是在汤汁中充分渗入鳕鱼汁的地中海风味料理。

(30分钟)

材料（2人份）

洋葱……½个（切薄片）
橄榄油……2大勺
A｜ 鳕鱼……2块（切成一口大）
  ｜ 番茄罐头……½罐
盐……½小勺
胡椒粉……少许

制作方法

1　将橄榄油倒入平底锅中加热，用中火将
   洋葱炒至柔软。

2　加入A，煮沸。除沫，然后用小火再煮
   20分钟。用盐、胡椒粉调味。

最后滴上柠檬汁食用，更添美味。

今晚是派对时光！

丹麦

料理名 ⚡ 单片三明治 ⚡

北欧的单片三明治

本道料理不是用两片面包夹成的三明治，而是单片三明治。
素材的组合可以根据自己的喜好来选择。
当地是使用黑面包。

10 分钟

材料（2人份）

黑面包（白面包）……6片
生火腿……2片
烟熏三文鱼……2片
煮鸡蛋……1个（分成4等份）
蛋黄酱……1小勺
小番茄……1个
嫩菜叶……适量
细叶芹（有的话）……适量
莳萝（有的话）……适量

制作方法

1　参考图片，在面包上放上自己喜欢的材料。所有的食材都可以搭配蛋黄酱食用。

< 使用虾或鲑鱼子搭配芝士、红辣椒或洋葱片等也很合适。

美味震撼人心!

密克罗尼西亚联邦

料理名 ⇗ 鸡肉酒 ⇗
酱油醋鸡

只需要将鸡肉在调味汁中浸泡一晚,煮熟即可食用。
醋和黑胡椒的味道在嘴里扩散开来,比生姜烧更下饭。

40
分钟

材料（2人份）

鸡腿肉……1块（切成一口大）
大蒜（末）……1小勺
酒……40毫升
酱油……¼杯（50毫升）
醋……¼杯（50毫升）
黑胡椒……6粒

制作方法

1 将所有材料放入大碗中,在冰箱里腌制
   一晚。

2 将1放入锅里,煮沸,然后用小火煮30
   分钟。

提示
用醋腌制过的料理不易腐坏。这是太平洋沿岸炎热的国家独有的智慧。

浓浓的椰奶的味道

汤加

料理名 ≫ 卷心菜咸牛肉罐头 ≪

椰奶煮卷心菜咸牛肉罐头

汤加人很喜欢吃咸牛肉罐头。
这道菜有着让人上瘾的味道，其他国家的人是否也会喜欢呢？

10
分钟

材料（2人份）

咸牛肉罐头……50克
卷心菜……¼个（切短条）
椰奶……1杯（200毫升）
盐……少许

制作方法

1　将所有材料放入锅里，用中火将卷心菜
　　煮至柔软。

＜在汤加，咸牛肉罐头可以作为小吃食用。

南国岛屿的金枪鱼吃法

库克群岛

料理名 🍴 金枪鱼沙拉 🍴

金枪鱼蔬菜拌椰子奶油

本道料理是将生金枪鱼和椰子奶油搅拌而成的。
莱姆果汁的清爽味道，带有南国风情。
本料理可以作为前菜呈上。
在当地也经常将其作为早餐食用。

5
分钟

材料（2人份）

金枪鱼（红身）……100克（切成骰子大）
黄瓜（点缀用）……少量（切丝）
胡萝卜（点缀用）……少量（切丝）
椰子奶油……4大勺
莱姆果汁……½个的量
盐、胡椒粉……½小勺

制作方法

1　将所有材料放入大碗中，混合搅拌。

 < 在没有椰子奶油的情况下，可以用罐装椰奶的凝固部分代替。

⚘ 从料理看世界 8

世界各地的金枪鱼料理

　　大家都喜欢吃金枪鱼吗？手握寿司、金枪鱼紫菜寿司、金枪鱼盖饭，都很美味。

　　在日本有"从远古时代就开始吃金枪鱼"的说法，可以说是非常熟悉的鱼类，但是吃金枪鱼的不光是日本人。

　　实际上，金枪鱼在南美、非洲、地中海一带也能捕获到。正因为如此，在世界各地的饭桌上都能看到金枪鱼的身影。比较常见的是腌泡生金枪鱼或章鱼制成的夏威夷料理"阿西波奇"。

　　库克群岛是由15个小岛组成的国家。椰子树与湛蓝的大海，形成了十分美丽的景象，充满南国岛屿风情。在这里能

捕获金枪鱼，因此金枪鱼成为当地人的日常饮食。但是，库克群岛的烹饪方法是将金枪鱼和椰子奶油一起搅拌食用。这种罕见的处理手法在库克群岛却是理所当然的。

　　在制作世界各地料理的时候，经常会发现令人惊讶的料理方法。刚开始接触的时候你可能会觉得"奇怪"或者"难以想象"，但是我认为，不管怎样，先尝试吃下去，然后将这种烹饪方法当作彼此的文化来认同。怀着如此胸襟，再去了解彼此，更能体会到世界各地不同料理的乐趣。

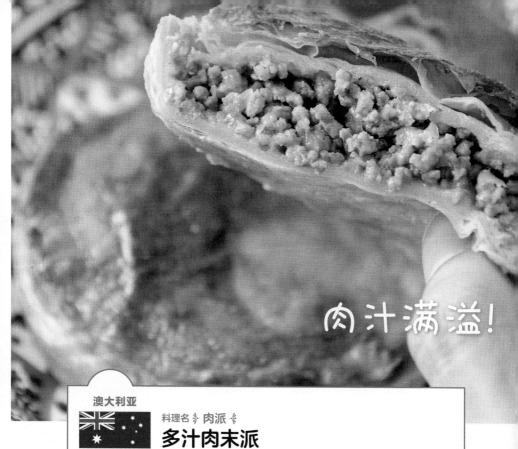

肉汁满溢！

澳大利亚

料理名 ⫷ 肉派 ⫸
多汁肉末派

派的面皮充分吸收了肉汁。
使用现成的面皮的话简单就能做成。
可以在假日和朋友或者孩子一起制作。

90
分钟

材料（4个份）

洋葱……½个（切末）
黄油……1大勺（12克）
肉末……400克
番茄罐头……¼罐
盐、胡椒粉……少许
冷冻面皮……4片
搅匀的蛋液……适量

制作方法

1 在平底锅中加热黄油。将洋葱用中火炒
  至柔软。加入肉末，炒透了之后，加入
  番茄罐头。

2 用盐、胡椒粉调味，将1炒至没有多余
  的汤汁。在盘子中摊开冷却。

3 将面皮拉成直径10厘米的圆形。放上2
  的食材，涂上搅匀的蛋液，将派包合。
  在派的表皮也涂上搅匀蛋液。

4 用220摄氏度的烤箱烤15分钟，然后将
  温度调到180摄氏度，再烤20分钟。

窍门是一定要将食材炒到没有多余的水分，使得香味凝缩。

093 ╱196   **109**

这里也有英国风味!

新西兰

料理名 ⇒ 鱼加薯条 ⇐

白身鱼和炸薯条

在有很多的英国移民的新西兰很流行这道料理。
这道料理可以被称作国民食物。

⏰ 15分钟

材料 (2人份)

土豆……1个（切条）
鳕鱼……100克
盐、胡椒粉……少许
小麦粉……50克
太白粉……50克
啤酒……½杯（100毫升）
色拉油……适量

制作方法

1 将土豆条用180摄氏度的色拉油炸3分钟。

2 在鳕鱼上撒上盐、胡椒粉。

3 将小麦粉和太白粉溶解在啤酒中，制作勾芡。将2蘸满勾芡，用180摄氏度的油炸5分钟。

鱼一定要选择大的白身鱼。这样会显得更地道。

啊 中华盖饭！

图瓦卢

料理名 ⇘ 中华盖饭 ⇙

中华盖饭

"中华盖饭"指的是中华风的肉炒蔬菜盖饭。
图瓦卢从中国进口的食材很多，因此中华风的炒菜在当地很普及。

30分钟

材料（2人份）

A| 大蒜（末）……½小勺
　生姜（末）……½小勺
　白菜……⅛个（随意切开）
　洋葱……½个（切薄片）
　胡萝卜……½根（切成银杏叶形）
　鸡胸肉……100克（切丁）
　青梗菜……½根（随意切开）
　木耳……3克（泡发后切丝）
色拉油……1大勺
鸡骨汤……300毫升
B| 蚝油……2大勺
　酱油……3大勺
　盐……½小勺
　太白粉……1大勺（溶于3倍的水）
　麻油……1小勺
　米饭……2茶碗

制作方法

1 将色拉油倒入平底锅中加热，用中火将A按顺序炒。等到全体炒柔软了之后，加入鸡骨汤，煮沸。

2 除沫，加入B，边倒入溶解在水中的太白粉，边搅拌。用小火煮5分钟，淋上麻油。浇在米饭上。

 炒的方法是美味的关键，一定要按顺序炒。

和日本几乎一样的咖喱

瓦努阿图

料理名 ⇒ 咖喱 ⇐

牛肉土豆咖喱

和日本的家庭咖喱味道基本一样的大洋洲的咖喱。
瓦努阿图人很喜欢咖喱和味精的味道，和日本人的味觉很接近。

80分钟

材料（2人份）

A | 牛肉……100克（切成一口大）
水……1杯（200毫升）
B | 土豆……1个（随意切开）
洋葱……½个（切片）
胡萝卜……½根（切成银杏叶形）
橄榄油……2大勺
咖喱粉……2大勺
清汤料（颗粒）……2小勺
太白粉……1大勺（溶于3倍的水）

制作方法

1 将A放入锅里，用小火煮沸。除沫之后，
用小火煮30分钟。

2 在另外的锅里，将油加热，用中火将B
炒至柔软。

3 加入咖喱粉，翻炒。等到飘出香味之后，
将1连汤汁一起倒入2的锅中，用小火煮
30分钟。用清汤料颗粒调味，加入溶解
在水中的太白粉，使汤汁变得黏稠。

112

〈 只要用溶解在水中的太白粉，就可以简单做出"家庭咖喱"。

这个 ...... 嗯 ......
吃吃看吧

巴布亚
新几内亚

料理名 ⟫ 椰树淀粉年糕 ⟪

椰树淀粉碎年糕

20
分钟

这是用椰树的淀粉做成的年糕状的食物。
没有什么味道，感觉像在吃米糊，对于日本人来说可能比较不习惯，但是在当地是常见的主食。

材料（2人份）

椰树淀粉……50克
水……¼杯（50毫升）

制作方法

1 将所有材料放入大碗中，充分溶解。

2 将1放入锅里，用中火边搅拌边加热，
   直到形成年糕的形状。

3 稍微冷却了之后，用汤匙刮成一口大小。

椰树淀粉在网上可以买到。

097 — 196

✿ 从料理看世界 9

没有味道的食物

　　巴布亚新几内亚是不断能发现新物种的自然宝库。

　　在这个国家食用的"椰树淀粉"，是在一种特定椰树的树干上采集的淀粉。在巴布亚新几内亚，人们会砍倒自然生长的椰树来进行采集。这种淀粉几乎没有什么味道，在日本可能许多人都觉得难吃。

　　不同的国度对于饮食的好恶也是不一样的。在巴布亚新几内亚，对于食物的选择比较随意。不是"今天吃这个吧"的感觉，而是收获到什么就吃什么，并且味道比较清淡。我们在平时生活中能够吃到各种各样的食物，会产生好吃或者难吃等多种感受。但巴布亚新几内亚人比较简单：如果食物丰盛的话，他们会觉得很开心；但即使食物不那么丰富，只要能满足日常所需，大家也会笑得很开心。当地人们总是充满了简单的幸福。

　　这道料理做法简单，但是却是一道能引发厨师很多思考的料理。虽然直接的感想是不美味（笑）。

本料理是使用了肉桂粉的炸甜甜圈。
外表酥脆，内里柔软。

50 分钟

太平洋岛屿的小吃

材料（2人份）

A| 低筋面粉……300克
  发酵粉……1小勺
  肉桂粉……1小勺
鸡蛋……2个
B| 牛奶……70毫升
  砂糖……50克

制作方法

1 将A用筛子过滤。

2 将鸡蛋放入大碗中，轻轻打散，加入B，
  混合搅拌。加入1，搅拌至表面变得平
  滑，之后放在冰箱中醒30分钟。

3 将2用汤匙切分成一口大，放入180摄
  氏度的油中，炸8分钟左右，炸至变成
  褐色。

萨摩亚

料理名 ≯ 炸甜甜圈 ≮
肉桂炸甜甜圈

098 ⌒ 196

这是用番薯和椰奶做成的微甜小吃。

20 分钟

小吃

材料（2人份）

番薯……2根（切成一口大）
芋头……6个（切成一口大）
椰奶……2杯（400毫升）

制作方法

1 将所有材料放入锅里，用中火煮15分钟。

2 盛到食器中，在冰箱里充分冷却（可以
  的话尽量放置3小时）。

所罗门群岛

料理名 ≯ 椰奶番薯 ≮
番薯煮椰奶

099 ⌒ 196

虽然是饭团，
却是甜的！

本料理是甜味的小饭团。
跟牡丹饼的口感比较接近。

5
分钟

材料（2人份）

A | 米饭……2茶碗
　 | 砂糖……2大勺
椰丝……适量

制作方法

1　将A放入大碗中，混合搅拌。

2　做成乒乓球大小的球形，蘸满椰丝。

瑙鲁

料理名 ⋟ 椰子饭球 ⋞
椰子饭团

100 ⌒196

热带风味

在当地使用塔罗薯制作本道料理。
将杏果或柿子作为木瓜的替代品使用，
也会很甜，很美味。

20
分钟

材料（2人份）

芋头……6个（切成5毫米大小的圆片）
木瓜……½个（切块）
椰奶……½杯（100毫升）

制作方法

1　准备40厘米长的铝箔纸。上面放上一
　　半的芋头，再叠上一半的木瓜。然后将
　　剩下一半的芋头、木瓜也重叠放入。

2　将椰奶淋遍所有食材。然后折起铝箔
　　纸，充分包好，不要留间隙。

3　用200摄氏度的烤箱烤15分钟。

纽埃

料理名 ⋟ 塔罗薯蒸木瓜 ⋞
芋头蒸木瓜

101 ⌒196

斐济

料理名 ≽ 椰奶腌鱼 ≼

椰奶腌白身鱼

这是将生鱼片用椰奶腌泡之后做成的斐济家庭料理。
柠檬汁和椰奶的风味十分和谐。
白身鱼的话和什么材料都很搭。

40 分钟

材料（2人份）

A｜ 鲷鱼或鲈鱼……100克（切片）
　　柠檬汁……1小勺
　　盐……½小勺
B｜ 洋葱……¼个（切末）
　　番茄……¼个（切成骰子大）
　　黄瓜……⅓根（切丝）
　　椰奶……½杯（100毫升）

制作方法

1 将A放入大碗中，混合搅拌，放入冰箱
中腌30分钟。

2 在1中加入B，搅拌。

3 在冰箱中充分冷却（静置3小时）。

《 做法简单却很美味的腌鱼。学会之后大有用处。

蛤仔汁很美味

料理名 ≽ 蛤仔猪肉菠菜卷 ≼

蛤仔猪肉菠菜包

帕劳的代表性料理。
切开漂亮的绿色菠菜外皮，就会呈现出美味的蛤仔和猪肉。

20
分钟

材料（2人份）

蛤仔……100克
菠菜……2束
猪里脊肉……2块（剁碎）
橄榄油……2大勺
盐……½小勺
胡椒粉……少许

制作方法

1 煮蛤仔，将肉取出。

2 将菠菜煮1分钟。

3 将橄榄油倒入平底锅中加热，用中火将1和猪肉炒5分钟，撒上盐、胡椒粉。

4 将菠菜铺在食器中，将3包裹，放入蒸笼中，用大火蒸5分钟。

完美保持菠菜颜色的技巧是在煮过之后马上放入冷水中。

想放在米饭上吃

马绍尔群岛

料理名 ⚓ 波奇 ⚓

日本风金枪鱼拌麻油

剩下来的刺身可以留到第二天使用。
本道料理是用酱油搅拌而成的拌菜，麻油和生姜充分发挥了作用。

材料（2人份）

金枪鱼（红身）……100克（切成骰子大）
牛油果……1个（切成骰子大）
洋葱……⅙个（切末）
生姜（末）……½小勺
麻油……1大勺
酱油……2大勺
盐……½小勺

制作方法

1　将所有材料放入大碗中，混合搅拌。

◁ 方便制作，是日本人喜欢的味道。最适合在想要再上一道菜的时候制作。

炎热国家的智慧！

基里巴斯

料理名 ⇒ 鱼饭 ⇐
金枪鱼椰汁盖饭

基里巴斯是世界上最早变换日期的岛国。
当地有着吃生鱼的文化。
本道料理中放入了咖喱粉，非常下饭。

10
分钟

材料（2人份）

金枪鱼（红身）……100克（切成骰子大）
盐……1小勺
A | 咖喱粉……1小勺
　 | 椰奶……½杯（100毫升）
米饭……2茶碗

制作方法

1　将金枪鱼放入大碗中，撒上盐。

2　去掉渗出的水分，加入A。

3　将2盖在米饭的上方。

120　　＜像日本的冷汤一样，冰过之后食用也很美味。

奇妙的颗粒感！

尼日尔

料理名 ≫ 粗麦粉 ≪
番茄粗麦粉

粗麦粉被称为世界最小意大利面。
具有颗粒感的口感是其特点。
基本搭配什么酱汁都很美味。

60
分钟

材料（2人份）

A| 大蒜……½瓣（切末）
　| 洋葱……½个（切条）
橄榄油……2大勺
鸡腿肉……1块（切丁）
B| 彩椒（红、黄）……各½个（切薄片）
　| 青椒……2个（切薄片）
番茄罐头……½罐
C| 鹰嘴豆（水煮罐头）……50克
　| 水……½杯（100毫升）
　| 盐……少许
D| 粗麦粉……¾杯
　| 橄榄油……2大勺
　| 盐……1小勺
热水……¼杯（50毫升）

制作方法

1　将橄榄油倒入锅里加热，用中火将A炒
　　至柔软。加入鸡肉，炒至变成焦黄色。
　　加入B，炒至柔软。加入番茄，用中火
　　煮5分钟。除沫，加入C，再用小火煮
　　30分钟。

2　制作粗麦粉。将D放入大碗中，搅拌。
　　倒入热水，盖上保鲜膜，蒸10分钟。

3　注意不要结块，搅拌后盛盘。浇上1。

粗麦粉有更正宗的做法，但本节讲述的是最简单的方法。

直接用手拿吧！

乌干达

料理名 ⇒ 玉米团子 ⇐

乌干达主食玉米团子

本料理是非洲常见的主食。
可能最初入口时感觉到的是其光滑的口感。
玉米团子自身是没有什么味道的，所以可以尝试搭配肉类或者豆类料理食用。

10
分钟

材料（2人份）

水……2.5杯（500毫升）
A| 干燥土豆泥（市场贩卖品）……100克
| 太白粉……50克

制作方法

1　将水倒入锅中，加热至沸腾。

2　调成小火，加入A混合搅拌。需要很大的力气，要充分揉搓直到产生韧劲。

〈 干燥土豆泥是白玉米粉的替代品。可以在网上购买。

❀ **从料理看世界10**

品尝其他国家的主食

　　玉米是世界三大谷物之一，在非洲属于主要食材。这个地区的玉米是白色的品种，待其干燥之后磨成粉末，然后做成年糕状，是常见的吃法。

　　这个品种的玉米在日本不常见，没有日本的玉米甜。这是在没有肥料、干旱的土地中孕育的超强品种，被当成宝藏。本节中使用干燥土豆泥来代替白玉米粉，但是二者口感相近。

　　非洲十分广阔，在大陆中有以米为主食的地方，也有吃白玉米的地方，此外，还有吃木薯的地方。这种玉米团子在肯尼亚被称为"乌加利"，在马拉维被称为"施玛"。虽然硬度有些许不同，但其实是同个东西。

　　在当地，用手将玉米粉捏成乒乓球大小的球形，搭配酱汁食用。由于是每天都吃的东西，对于当地人来说，吃这个可能会产生一种安心感。

　　请试着用玉米团子代替米饭搭配其他菜肴一起食用。也许你会很自然地想象出非洲人的饮食和生活。

鱼类料理的种类变多了

加蓬

料理名 ≫ 鱼块花生黄油炖菜 ≪

花生黄油炖白身鱼

本道料理是用花生黄油炖制而成的鱼类料理。
花生和鱼的组合虽然令人意外，但浓郁的香味让人赞不绝口。

（30分钟）

材料（2人份）

A 大蒜（末）……½小勺
 生姜（末）……½小勺
 洋葱……½（切条）
橄榄油……2大勺
白身鱼（鲈鱼或鲷鱼）……2条（切成一口大）
B 番茄罐头……¼罐
 水……¼杯（50毫升）
C 花生黄油……2大勺
 豆蔻……½小勺
 莳萝……½小勺
 盐……1小勺
 胡椒粉……¼小勺

制作方法

1 将橄榄油倒入锅里加热，用中火将A炒至柔软。加入鱼，炒至熟透。

2 加入B，煮沸之后加入C。除沫，用小火煮15分钟（花生黄油不管甜不甜都可以）。

 豆蔻是一种能使料理变得特别好吃的魔法香料。

像芝麻酱一样的味道

赞比亚

料理名 ≈ 牛肉炖花生酱 ≈

花生黄油炖牛肉

充分发挥了花生黄油口感的料理。
最好选用带甜味的花生黄油。
这道料理的香味和甜味让人想起芝麻酱。

70分钟

材料（2人份）

A｜ 牛腿肉……100克（切成一口大）
　　水……1杯（200毫升）
洋葱……½个（切条）
橄榄油……1大勺
B｜ 番茄罐头……½罐
　　花生黄油……1大勺
　　盐……½小勺

制作方法

1　将A放入锅中，煮沸。除沫之后，用小火煮40分钟。

2　将橄榄油倒入另外的锅里加热，用中火将洋葱炒至柔软。

3　加入B和带汤汁的1，用小火炖20分钟。

花生和秋葵是非洲具有代表性的食材。一定要掌握其做法！

豆子黏糊糊的

布隆迪

料理名 ✦ 马哈拉格 ✦

金时豆炖番茄

这是一道将金时豆和番茄充分煮透的简单料理。
微甜，充满着蔬菜的香味。
"马哈拉格"在斯瓦希里语中是"豆"的意思。

70
分钟

材料（2人份）

金时豆……100克（在500毫升的水中浸泡一晚）
A┃ 大蒜……1瓣（切末）
┃ 洋葱……½个（切碎）
橄榄油……1大勺
番茄罐头……½罐
盐……1小勺

制作方法

1　将豆子连水倒入锅中，用中火煮30分钟，煮至柔软。

2　将橄榄油倒入另外的锅里加热，用中火将A炒至柔软。

3　加入番茄和带汤汁的1，再用小火炖30分钟。用盐调味。

漫步
煮豆子的时间虽然很长，但成品让人非常有满足感。

令人上瘾的嚼劲!

料理名 ≸ 豆子炖玉米粒 ≸

豆子炖玉米粒

颗粒分明的豆子和有嚼劲的玉米,真是一道使人上瘾的炖菜。
这在佛得角是随处可见的国民食物。

(100 分钟)

材料(2人份)

A| 里约热内卢豆(金时豆)……50克(在水中
  浸泡一晚)
  水……1.5杯(300毫升)
洋葱……½个(切薄片)
橄榄油……3大勺
鹰嘴豆(水煮罐头)……50克
B| 玉米(罐装)……30克
  玉米粒……50克
  盐……½小勺

制作方法

1　将A倒入锅里,用中火煮30分钟,煮至
　　柔软。

2　将橄榄油倒入另外的锅里加热,用中火
　　将洋葱炒至柔软。加入鹰嘴豆和带汤汁
　　的1,煮沸,用小火炖30分钟。

3　加入B,搅拌至黏稠,用小火炖30分钟。

制作点心时也会用到玉米粒。可以在网上购买。

非洲的饭桌

刚果（布）

料理名 ✦ 烧鸡 ✦

简单的烧鸡

本料理是用大蒜和生姜预先进行调味的烧鸡。
其香味能勾起食欲。
做法简单，稍微花点工夫就能变得很美味。

45
分钟

材料（2人份）

鸡腿肉……2块（切成一口大）
大蒜（末）……½小勺
生姜（末）……½小勺
盐……1小勺
胡椒粉……½小勺

制作方法

1 将所有材料放入大碗中，充分揉搓，放入冰箱中静置30分钟。

2 用烤架将1的两面用中火各烤5分钟，直到变成焦黄色。

《将鸡肉换成别的肉也很好吃，可以选择喜欢的肉类！

刚果（金）

料理名 ✦ 牛肉炖豆 ✦

牛肉炖白芸豆

简单的豆子炖肉，有着令人安心的味道。
由于豆子和肉分开煮，口感更清爽，即使在夏天也能食用。

100
分钟

材料（2人份）

白芸豆（大豆）……100克（在水中浸泡一晚）
A｜ 牛腿肉……100克（切成一口大）
 ｜ 水……1杯（200毫升）
B｜ 大蒜……½瓣（切末）
 ｜ 洋葱……½个（切条）
橄榄油……1大勺
C｜ 番茄罐头……½罐
 ｜ 盐……½小勺

制作方法

1 将白芸豆用中火煮30分钟，煮至柔软。

2 将A放入另外的锅里，用中火煮40分钟。

3 将橄榄油倒入另外的锅里，用中火将B炒至柔软。

4 加入1和C、带汤汁的2，用大火煮沸。除沫之后，再用小火煮20分钟。

《豆子会冒泡，所以刚开始的汤汁可以倒掉。

米饭上面放意大利面?!

埃及

料理名 ⚜ 意大利面饭 ⚜

扁豆通心粉番茄饭

米饭、意大利面、通心粉等碳水化合物混杂在一起，搭配番茄酱汁食用。
感觉跟"荞麦面饭"很接近。

110
分钟

材料 (2人份)

扁豆……50克
通心粉……30克
意大利面……30克
A│ 番茄酱汁（市场贩卖品）……1杯（200毫升）
│ 莳萝……¼小勺
米饭……2茶碗
洋葱圈……4大勺

制作方法

1 将扁豆在水中浸泡1小时，用中火煮30分钟。

2 煮通心粉、意大利面。

3 将A放入锅里，加热。

4 将米饭盛入食器中，叠加1和通心粉、意大利面，浇上3和洋葱圈。

 当地有些餐馆还会放入面包等，可以根据自己的喜好选择食材。

非洲风味的美食

毛里塔尼亚

料理名 ⚶ 羊肉菜饭 ⚶

多汁羊肉菜饭

在国土被撒哈拉沙漠覆盖的西非国家，很多料理都是比较简单的。
这道料理的米饭中吸收了肉的味道，十分美味。

40分钟

材料（2人份）

A| 大蒜……1瓣（切末）
| 洋葱……½个（切碎）
花生油（橄榄油）……3大勺
羊肉（牛腿肉）……100克（切成一口大）
米……0.1升（事先洗好）
水……1杯（200毫升）
盐……¾小勺
胡椒粉……少许

制作方法

1 将油倒入土锅中加热，用中火将A炒至
柔软。加入羊肉，炒5分钟。

2 加入米，边混合边炒5分钟。加入水，
边搅拌，边再煮5分钟。

3 盖上盖子，用小火煮15分钟。

和西班牙海鲜饭的做法一样，米要经过炒制，做法非常简单，大力推荐。

奇特的高盖帽

摩洛哥

料理名 ≷ 鸡肉塔吉锅 ≷

塔吉锅炖鸡肉

这是用塔吉锅做成的炖菜。
几乎用食材本身的水分蒸烧而成，能够炖得十分柔软。

⏰ 50分钟

材料（2人份）

A| 大蒜……1瓣（切末）
洋葱……½个（切粗末）
姜黄粉……1小勺
鸡腿肉……300克（切成一口大）
橄榄油……3大勺
B| 鹰嘴豆（水煮罐头）……50克
水……¼杯（50毫升）
盐……¾小勺
杏仁切片……20克

制作方法

1 将油倒入塔吉锅里加热，用中火将A炒
   至柔软。加入鸡肉，炒至表面变白。

2 加入B，盖上盖子用小火煮30分钟。

3 将平底锅加热，放入杏仁切片，用小火
   炒至变色。撒在2上。

＜如果没有塔吉锅的话，用土锅或者普通的锅也可以！使用羊肉和牛肉也可以做得很美味。

能吃到很多蔬菜

科特迪瓦

料理名 ≽ 酱汁克莱尔 ≼

牛肉时蔬浓汤

本料理是用大量蔬菜制成的浓汤料理。
"酱汁"在西非是"炖菜"的意思,"克莱尔"是"澄澈"的意思。

70
分钟

材料（2人份）

A| 牛腿肉……50克
　| 水……2杯（400毫升）
洋葱……½个（切薄片）
橄榄油……1大勺
B| 卷心菜……⅛个（随意切开）
　| 丛生口蘑……½包（切开）
　| 茄子……½个（切成银杏叶形）
　| 胡萝卜……1根（切成银杏叶形）
　| 鹰嘴豆（水煮罐头）……50克
　| 番茄罐头……½罐
盐……½小勺
胡椒粉……少许

制作方法

1　将A放入锅里，煮沸。除沫之后，用小火煮30分钟。将肉取出，切成小块。

2　将橄榄油倒入锅中加热，用中火将洋葱炒至柔软。连汤汁一起加入1，煮沸。

3　加入B，煮沸。除沫之后，用小火煮30分钟。用盐、胡椒粉调味。

有时会搭配面包一起食用。可以尝试学习当地正宗的吃法。

非洲的妈妈的味道

本道料理是用虾和秋葵做成的炖菜。
隐约有着小鱼干粉的味道。

40分钟

材料（2人份）

小虾……4只
盐……少许
洋葱……½个（切粗末）
秋葵……8根（切圆片）
椰子油（橄榄油）……4大勺
A│ 卡宴辣椒粉……½小勺
　　盐……1小勺
　　小鱼干……4根（弄成粉状）

制作方法

1　将少许盐撒在虾上，用平底锅煎至稍微有些焦黄色。

2　将油倒入锅里加热，用中火将洋葱炒至柔软。加入秋葵，炒2分钟左右。

3　加入1、2和A，用小火炖20分钟。

贝宁

料理名 ⋟ 秋葵炖菜 ⋞
秋葵炖鲜虾

118 —196

这是一道白身鱼和秋葵做成的炖菜。
也可以搭配米饭食用。

50分钟

材料（2人份）

A│ 大蒜（末）……½小勺
　　生姜（末）……½小勺
　　秋葵……8根（切圆片）
　　洋葱……½个（切碎）
橄榄油……3大勺
白身鱼（鲈鱼或者鲷鱼）……2块（切成一口大）
B│ 番茄罐头……½罐
　　水……½杯（100毫升）
　　盐……¾小勺

制作方法

1　将油倒入锅里加热，用中火将A炒至柔软。

2　加入鱼，炒5分钟。

3　加入B，煮沸。除沫之后，用小火再炖30分钟。

喀麦隆

料理名 ⋟ 鱼和秋葵 ⋞
白身鱼炖秋葵

119 —196

地道做法是使用椰子油。
会产生完全不一样的风味。

（30分钟）

蔬菜很美味

安哥拉

料理名 ≯ 鸡肉炖蔬菜 ≮

鸡肉炖蔬菜

120 — 196

材料（2人份）

A｜ 大蒜……1瓣（切末）
　｜ 洋葱……1个（切粗末）
　｜ 青椒……2个（切丝）
椰子油（橄榄油）……4大勺
鸡腿肉……1块（切成一口大）
B｜ 秋葵……4根（切开）
　｜ 番茄罐头……½罐
　｜ 水……½杯（100毫升）
　｜ 百里香……½小勺
盐……½小勺
胡椒粉……¼小勺

制作方法

1　将油倒入锅里加热，用中火炒A直到柔软。加入鸡肉，炒至变色。

2　加入B，煮沸。除沫之后，用小火煮至水分还剩⅔。用盐、胡椒粉调味。

受葡萄牙的影响，料理特点是辣味。

（30分钟）

感觉越吃越辣

圣多美和
普林西比
★★

料理名 ≯ 炖鸡肉 ≮

超辣的炖鸡肉

121 — 196

材料（2人份）

A｜ 大蒜……½瓣（切末）
　｜ 洋葱……½个（切薄片）
橄榄油……1大勺
鸡腿肉……1块（切成一口大）
秋葵……4根（切圆片）
B｜ 卡宴辣椒粉……½小勺
　｜ 盐……½小勺
　｜ 胡椒粉……少许

制作方法

1　将油倒入平底锅中加热，用中火将A炒至柔软。加入鸡肉，炒透之后，加入秋葵，炒制约5分钟。

2　加入B，煮沸。除沫之后，用小火炖20分钟。

像鲷鱼饭一样好吃

冈比亚

料理名 $\dagger$ 鱼饭 κ

美味鱼什锦饭

这道鱼什锦饭在当地是用在冈比亚河中捕获的鱼做成的。
和日本的做法一样，要事先将鱼烤过之后再放入饭中。
本身就足够美味，几乎不用别的配菜。

50分钟

材料（2人份）

鱼（马鲛鱼或鲷鱼）……4块
色拉油……50毫升
A| 卷心菜……⅛个（随意切开）
 | 胡萝卜……½根（切短条）
B| 洋葱……½个（切粗末）
 | 番茄……½个（切成骰子大）
 | 番茄泥……30毫升（2大勺）
米……0.1升（事先洗好）
C| 水……1杯（200毫升）
 | 盐……½小勺
 | 胡椒粉……少许

制作方法

1 将色拉油倒入锅里加热，将鱼用180摄氏度的油炸至酥脆，取出。放入A，炒至柔软，再取出。

2 在同一个锅里放入B，用中火炒5分钟。加入米，炒3分钟。加入C，混合之后用小火煮5分钟。

3 放上1，盖上盖子，用小火焖5分钟。

<为了使鱼的高汤没有鱼腥味，在炸鱼的时候一定要炸透。

122 —196

🌿 从料理看世界 11

大家喜欢的非洲料理

　　我在餐厅供应世界料理的时候，每当给客人上这道菜，客人就会惊讶于料理的鲜美。说起非洲，人们一般会想到炖菜或者芋头等料理，其实像鱼什锦饭以及鸡翅根番茄什锦饭（P160）等什锦饭也是非洲常见的料理。有的地区种植水稻，雨季的时候，冈比亚河流域就会呈现出田园风景。真想去看一次庄稼丰收的景象。

　　可能是由于冈比亚是沿海国家，当地人深谙烹调鱼类之道，有着使香味浓

缩的技巧。他们不是单纯地把米和鱼放在一起煮，而是先将新鲜的鱼炒过之后，再和米饭一起焖，充分引出香味。香味渗透进饭中，因此十分美味。虽然使用的素材不同，但做法和日本的鲷鱼饭基本是一样的。沿海国家都很擅长烹调鱼类。

　　非洲料理相比欧洲而言，更能发挥食材本身的味道，这点也很有趣。非洲有很多让人震惊的美食。请一定要尝试做一下，那些美味肯定会让人大吃一惊。

菠菜真好看呀!

菜索托

料理名 ≹ 菠菜奶油炖菜 ⋟

菠菜奶油炖菜

这是一道奶油炖菜,剁碎的菠菜显得非常美观。
蔬菜的口感很鲜嫩,
有着微甜的味道。

20
分钟

材料(2人份)

A| 洋葱……½个(切碎)
 | 菠菜……1束(切碎)
橄榄油……1大勺
盐……½小勺
胡椒粉……少许
生奶油……½杯(100毫升)

制作方法

1 将橄榄油倒入平底锅中加热,加入A,
撒上盐、胡椒粉,用大火炒至柔软(除
去渗出的水分)。

2 加入生奶油,用中火煮10分钟左右,煮
到有些黏稠为止。

138 ◁ 蔬菜中渗出的水分会使得汤淡而无味,所以别忘了把水分除去。

满满的营养

利比里亚

料理名 ⋟ 斯皮纳切 ⋞

肉桂风味炖菠菜

"斯皮纳切"指的是"菠菜"。
爽口的汤汁中带着肉桂的香味。
本道料理中包含着丰富的食材。

30
分钟

材料（2人份）

洋葱……½个（切碎）
橄榄油……3大勺
牛肉薄片……200克（切成2厘米长）
A│ 菠菜……1束（切碎）
│ 白汤……¼杯（50毫升）
│ 肉桂……¼小勺
│ 盐……½小勺
│ 黑胡椒粉……½小勺

制作方法

1 将橄榄油倒入锅里加热，用中火将洋葱
炒至柔软。加入牛肉，炒至有些焦黄色。

2 加入A，用小火炖15分钟。

建议

为了煮出清澈的汤，出现沫的时候，要仔细地除去。

西非，你好

几内亚

料理名 ≥ 炸鱼和番茄酱汁 ≤

炸白身鱼搭配番茄酱汁

面朝大海的几内亚可以捕获种类丰富的鱼，
因此鱼类料理也种类繁多。
炸白身鱼搭配番茄酱汁的酸味，吃起来十分美味。

(30分钟)

材料（2人份）

白身鱼（鳕鱼或者鲈鱼）……4块（切成一口大）
橄榄油……3大勺
洋葱……½个（切薄片）
番茄罐头……½罐
盐……½小勺
土豆（煮）……1个（随意切开）
水……½杯（100毫升）

制作方法

1　将橄榄油倒入锅里加热，用中火煎鱼。
　　将两面煎成焦黄色后取出。

2　在同个锅里放入洋葱，用中火炒至柔软。
　　加入番茄罐头和盐，用中火煮5分钟。

3　加入1和2、土豆、水，煮沸。除沫之
　　后，再用小火煮10分钟。

用青鱼做的时候，可以加入牛至或者罗勒去腥味。

芥末和柠檬勾起食欲

马里

料理名 ⟫ **鸡肉雅萨** ⟪

爽口芥末鸡肉炖菜

这是一道在蔬菜和鸡肉中加入芥末煮成的料理。
其辣味和酸味十分下饭。
"雅萨"在当地的语言中是"洋葱汁"的意思。

70分钟

材料（2人份）

鸡腿肉……1块（切成一口大）
橄榄油……1大勺
洋葱……½个（切粗末）
A｜ 土豆……1个（切块）
　｜ 胡萝卜……½根（切半月形）
水……1杯（200毫升）
B｜ 芥末……3大勺
　｜ 清汤料（颗粒）……2小勺
柠檬汁……1小勺
盐、胡椒粉……少许

制作方法

1　将橄榄油倒入平底锅中加热，用大火将鸡肉煎至两面酥脆之后，取出。

2　在同个平底锅中倒入洋葱，用中火炒至变成透明状。加入A，快速翻炒。

3　放回鸡肉，加入水，用中火炖30分钟。加入B，除沫之后，再用小火炖30分钟。加入柠檬汁，用盐、胡椒粉调味（浓度用水调整）。

 鸡肉是要慢慢炖的，所以刚开始煎的时候，只要将表面煎透就可以了。

多汁！美味！

南苏丹

料理名 ⇝ 马哈西 ↢
加入米饭的青椒塞肉

这是南苏丹版的青椒塞肉。
其特征是馅料是牛肉末和米饭的混合物。多汁的口感恰到好处，很容易食用。

40
分钟

材料 (2人份)

青椒……4个
A | 牛肉末……300克
　　洋葱……¼个（切末）
　　米……30克
　　盐……½小勺
　　胡椒粉……少许

制作方法

1　除去青椒的蒂，除去种子（注意不要弄破）。

2　将A放入大碗中，充分搅拌。

3　将2塞入1中，用200摄氏度的烤箱烤30分钟。

寒心
⟨在肉末中混入米，是将米当成配料来看待的表现。

咖喱味的烤鸡！

津巴布韦

料理名 ⭐ 烤鸡 ⭐

印度风烤鸡

咖喱味的烤鸡中添加了柠檬汁。
其酸辣的汤汁让人垂涎欲滴。
不管是搭配米饭吃还是当下酒菜，都能让人食指大动。

140
分钟

材料（2人份）

A| 鸡腿肉……200克（切成一口大）
番茄……¼个（切成骰子大）
大蒜（末）……½小勺
咖喱粉……1小勺
盐……½小勺
B| 柠檬汁……1大勺
辣椒粉……½小勺
砂糖……½小勺
盐……½小勺

制作方法

1　将A放入大碗中，充分混合，在冰箱中
腌制2小时。

2　用230摄氏度的烤箱烤15分钟。

3　将B混合制作成酱汁，浇在2上。

津巴布韦有很多印度移民，日常饮食中会用到很多香辛料。

让我们试试非洲的沙司！

卢旺达

料理名 ❧ 甜酱 ❧

金时豆甜味酱

这是用金时豆做成的甜味酱。
甘甜的味道中还带点咸味。涂在面包上，加在沙拉里，或者搭配肉类料理食用都是不错的选择。

50分钟

材料（2人份）

金时豆……120克（在500毫升水中浸泡一晚）
洋葱……½个（切粗末）
黄油……1小勺（4克）
A│ 番茄酱汁（市场贩卖品）……1大勺
 │ 盐……1小勺

制作方法

1 将豆子连水倒入锅里，用中火煮30分
  钟，煮至柔软。

2 在另外的锅中将黄油加热，用中火将洋
  葱炒至柔软。加入1和汤汁50毫升，再
  加入A，用小火炖10分钟。

3 将2放入食品处理器中，打成酱状。

谨少 涂在面包上或者加在沙拉中都可以。这是种有很多用途的酱。

129 ╱ 196

毛里求斯

料理名 ❧ 番茄洋葱沙司 ❧

番茄洋葱沙司

这是一种如意大利风味的酱汁般爽口的番茄洋葱沙司。
涂在面包上或者直接用来烤吐司都很不错。
和肉或者鱼一起煮也很美味。

40分钟

材料（2人份）

A│ 大蒜……1瓣（切末）
 │ 洋葱……½个（切末）
橄榄油……1小勺
B│ 番茄罐头……½罐
 │ 百里香……½小勺
 │ 盐……1小勺
 │ 胡椒粉……½小勺

制作方法

1 将橄榄油倒入锅里加热，加入A，用中
  火炒至柔软。

2 加入B，用小火煮30分钟。

谨少 如果觉得浓度不够的话，可以尝试再多加一点橄榄油。

130 ╱ 196   **145**

想在早餐的时候吃

塞舌尔

料理名 ⇝ 拉多夫 ⇜

番薯香蕉煮椰奶

这是一道来自印度洋岛国的料理。
明明没有使用砂糖，却充满食材本身的甜味，是健康料理。

15
分钟

材料（2人份）

番薯……1根（切成1厘米厚的圆片）
香蕉……1根（切块）
椰奶……2杯（400毫升）

制作方法

1　将所有材料放入锅里，用中火煮10分钟。

〈还可以在最后放入兰姆葡萄干，冰镇后食用也很美味。

啊，像土豆一样

赤道几内亚

料理名 ⊱ 香蕉炖菜 ⊰

香蕉炖菜

这是使用油炸过的香蕉制成的炖菜。
油炸过的香蕉就像土豆一样，很适合用来炖菜。
香蕉油炸过后味道也不太甜，变得就像蔬菜一样。

材料（2人份）

牛腿肉……100克（切块）
A│ 大蒜（末）……½小勺
 │ 洋葱……½个（切条）
橄榄油……2大勺
B│ 番茄罐头……½罐
 │ 水……¼杯（50毫升）
 │ 盐……1小勺
香蕉……1根（切成一口大）

制作方法

1 将牛肉和水（未列入材料表）放入锅中，
  煮沸。除沫之后，用小火再炖30分钟。

2 将橄榄油倒入锅里加热，用中火将A炒
  至柔软。加入1和B，煮沸。除沫，用小
  火炖30分钟。

3 用180摄氏度的油炸香蕉，约5分钟。将
  其加入2，再用小火炖5分钟。

 可以在网上购买不甜的烹饪专用香蕉。

炒蔬菜中放坚果！

博茨瓦纳

料理名 ⚜ 坚果和果仁 ⚜
菠菜炒花生

有多余的花生时可以尝试在料理中使用。
坚果脆脆的口感和香味成了料理的重点。本料理是一道简单的炒菜。

(10分钟)

材料（2人份）

洋葱……½个（切条）
橄榄油……1大勺
A｜ 番茄……½个（切小块）
　　 菠菜……1束（随意切开）
花生……50克
盐……½小勺
黑胡椒粉……少许

制作方法

1　将橄榄油倒入平底锅中加热，用中火将
　　洋葱炒至柔软。加入A，炒2分钟左右。

2　加入用食品处理器打碎的花生，撒上盐、
　　黑胡椒粉，炒3分钟。

炒花生和鸡肉的搭配也很美味，可以用在鸡肉料理中。

用咖喱粉调味

马拉维

料理名 ᘐ 咖喱卷心菜 ᘐ

咖喱风味的简单炒蔬菜

这是一道用咖喱粉调味的松脆爽口的美味炒蔬菜。
秘诀是要放入番茄。

15
分钟

材料（2人份）

洋葱……½个（切薄片）
色拉油……2大勺
A｜卷心菜……¼个（随意切开）
　｜番茄……½个（切块）
　｜胡萝卜……1根（切圆片）
　｜青椒……1个（切细条）
　｜咖喱粉……1小勺
　｜盐、胡椒粉……少许

制作方法

1　将色拉油倒入平底锅中加热，用中火将
　　洋葱炒至透明。

2　加入A，用大火炒5分钟左右（保持脆脆
　　的口感）。

由于是简易的咖喱炒菜，用冰箱里剩下的蔬菜就可以做。

再来一碗米饭

索马里

料理名 ❦ 土豆炖牛肉 ❦

土豆薄片炖牛肉末

这是一道很下饭的非洲版土豆炖牛肉。
是日常菜肴的代表。
也可以搭配意大利面食用。

30
分钟

材料（2人份）

洋葱……½个（切薄片）
橄榄油……1大勺
牛肉末……200克
A｜ 土豆……1个（切薄片）
　｜ 番茄罐头……½罐
B｜ 百里香……¼小勺
　｜ 盐……1小勺
　｜ 胡椒粉……少许

制作方法

1　将橄榄油倒入平底锅中加热，用中火将
　　洋葱炒至柔软。加入牛肉末，炒至变色。

2　加入A，煮沸之后加入B。用中火煮15
　　分钟，将土豆煮至柔软。

好多地方都流行牛肉和土豆的搭配。二者真是最佳搭档。

土豆真好吃

厄立特里亚

料理名 ⚜ 炖蔬菜 ⚜

炖蔬菜

用香辛料引出蔬菜的甜味。
由于能一口气吃到很多蔬菜，可以作为餐桌上的常见料理。

材料（2人份）

A| 大蒜……½瓣（切末）
  | 洋葱……½个（切条）
橄榄油……3大勺
牛肉……100克（切片）
B| 扁豆……4根（对半切开）
  | 土豆……1个（切片）
  | 胡萝卜……½根（切成银杏叶形）
C| 莳萝粉……½小勺
  | 香菜粉……½小勺
  | 盐……1小勺
  | 胡椒粉……少许

制作方法

1 将橄榄油倒入锅里加热，用中火将A炒
   至柔软。加入牛肉，炒至变色。加入B，
   炒至柔软。

2 加入C，用小火炖15分钟，使土豆变得
   柔软。

如果觉得味道还不够的话，可以多加些盐、香料等来调味。

慢炖而成的味道

本料理是慢炖而成的。酱汁和肉成为一体的状态是当地的特色。

80分钟

材料（2人份）

A| 大蒜（末）……½小勺
 | 洋葱……½个（切条）
橄榄油……2大勺
牛腿肉……100克（切短条）
B| 番茄罐头……½罐
 | 水……¼杯（50毫升）
 | 盐……1小勺

制作方法

1 将橄榄油倒入锅里加热，用中火将A炒至柔软。加入牛肉，炒至变色。

2 加入B，煮沸。除沫之后，用很小的火炖1小时。

作得

料理名 ❥牛肉炖菜❧

牛肉炖菜

137 —196

多彩又美观

这是来自因猴面包树而闻名的非洲岛国的炖菜。

50分钟

材料（2人份）

猪里脊肉……2块（切成8等份）
橄榄油……2大勺
A| 洋葱……½个（切薄片）
 | 菠菜……½束（切碎）
B| 番茄罐头……½罐
 | 盐……½小勺
 | 胡椒……少许

制作方法

1 将橄榄油倒入平底锅中加热，用中火将猪肉炒至变成焦黄色，取出。

2 在同个平底锅中放入A，用中火将洋葱炒至变成茶褐色。

3 将猪肉放回，加入B，煮沸。除沫之后，用小火炖30分钟。

马达加斯加

料理名 ❥罗马萨巴❧

猪肉番茄炖菜

138 —196

这是塞内加尔的家庭料理，是味道香浓的炖菜。

美味炖菜

材料（2人份）

A| 大蒜……½瓣（切末）
  洋葱……½个（切粗末）
鸡腿肉……1片（切丁）
橄榄油……1大勺
B| 番茄罐头……½罐
  水……½杯（100毫升）
  花生黄油……1大勺
  卡宴辣椒粉……¼小勺
  盐……½小勺
  胡椒粉……少许

制作方法

1 将橄榄油倒入锅里加热，用中火将A炒至柔软。加入鸡肉，将其表面炒至变白。

2 加入B，煮沸。除沫之后，用小火炖40分钟。

塞内加尔

料理名 ≯ 马非 ≶
花生黄油炖鸡肉

139 —196

鸡肉、大蒜、鹰嘴豆和盐的搭配可谓黄金组合。非常美味。

简单有嚼劲！

材料（2人份）

鸡腿肉……2块（切成一口大）
大蒜……2瓣（切末）
橄榄油……3大勺
盐……少许
A| 鹰嘴豆（水煮罐头）……100克
  水……¼杯（50毫升）
  卡宴辣椒粉……½小勺
  红辣椒粉……1大勺
  盐……1小勺
  黑胡椒粉……½小勺

制作方法

1 在鸡肉上撒盐。

2 将橄榄油倒入锅里加热，用中火炒大蒜末，炒出香味之后加入鸡肉，炒至变成焦黄色。

3 加入A，用小火炖20分钟。

阿尔及利亚

料理名 ≯ 鸡肉鹰嘴豆 ≶
鸡肉鹰嘴豆炖菜

140 —196

153

松软多汁！

突尼斯

料理名 ⚜ 蛋黄烧 ⚜

牛肉干酪鸡蛋烧

这是一道宛若火腿芝士派般的鸡蛋料理。将食材炒过之后，放入干酪和鸡蛋，用烤箱烤制。
松软的口感和干酪的香味令人欲罢不能。

60
分钟

材料（2人份）

A｜ 大蒜……½瓣（切末）
　　 洋葱……½个（切末）
橄榄油……1大勺
牛肉末……50克
B｜ 土豆（煮）……1个（切成骰子大）
　　 番茄……¼个（切成骰子大）
C｜ 鸡蛋……4个
　　 帕尔马干酪……50克
黄油……1大勺（12克）

制作方法

1　将橄榄油倒入平底锅中加热，用中火将
　　A炒至柔软。加入牛肉末，炒5分钟左
　　右。加入B，再炒5分钟。

2　将C放入大碗中，混合。加入1，混合
　　搅拌。

3　将黄油涂在耐热碟上，倒入2，用180摄
　　氏度的烤箱烤30分钟。

＜放入大量干酪，使得味道更加浓郁。

松软又可爱

吉布提

料理名 ⚜ 可乐饼 ⚜

红扁豆可乐饼

这是用豆末炸成的简单的可乐饼。
当地人将其作为宵夜食用。

50
分钟

材料 (2人份)

红扁豆（蚕豆）……200克（在水中浸泡3小时）
A 洋葱……½个（切末）
   大蒜……1瓣（切末）
   香菜……1根（切末）
   小麦粉……3大勺
   盐……1小勺
   胡椒粉……少许
色拉油……适量

制作方法

1 将豆子连水倒入锅中，用中火煮20分钟，煮至柔软。

2 将1用漏勺捞起，冲水冷却，沥干。然后放入食品处理器中打成酱状。

3 将2和A放入大碗中，充分混合，做成一口大的圆形。

4 用180摄氏度的色拉油炸约6分钟。

留心

红扁豆可以在网上购买。

香辣！

埃塞俄比亚

料理名 ⟫ 德洛瓦特 ⟪

辣味鸡蛋咖喱

本料理是将埃塞俄比亚的超辣咖喱进行了一些改良，使其更符合亚洲人的口味。
在当地语言中，"德洛"指的是"鸡肉"，"瓦特"指的是"咖喱状的料理"。

80
分钟

材料（2人份）

鸡腿肉……2块（切成一口大）
柠檬汁……1大勺
盐……适量
A 大蒜……1瓣（切末）
　生姜……1块（切末）
　洋葱……½个（切末）
B 豆蔻……½小勺
　肉豆蔻……½小勺
　红辣椒粉……1小勺
　胡椒粉……½小勺
C 番茄罐头……½罐
　水……¼杯（50毫升）
盐……1小勺
煮鸡蛋……2个

制作方法

1 将柠檬汁和盐涂在鸡肉上，在常温下放置30分钟。

2 将A放入锅里，用中火炒至柔软。加入B，炒出香味之后，加入1和C，使鸡肉表面涂满酱汁。

3 盖上盖子，用小火炖30分钟。

4 用盐调味，加入煮鸡蛋，再煮10分钟。

◁ 本料理在当地是一种很辣的咖喱，越辣越好吃。可以自己调节辣度，试着做做看吧。

143 ╱196

✿ 从料理看世界 12

不可思议之国的不可思议料理

　　说起埃塞俄比亚你可能会想到咖啡豆或者马拉松选手。埃塞俄比亚是个很有趣的国家。埃塞俄比亚国土的大部分都是高原，适合栽培咖啡豆，可以采集到高级的豆子。此外，由于当地人的日常生活就相当于高地训练，因此，马拉松选手也是人才辈出。

　　埃塞俄比亚的文化很发达，有很多特殊之处，简直让人难以置信。比如，埃塞俄比亚的历法中规定一年有13个月等。

让人惊呼："他们是如何生活的呢？"但这就是这个国家的标准。

　　埃塞俄比亚的饮食风格多变。有着明明是主食却十分酸的"英吉拉"，是一种可丽饼。此外，还有被叫作假香蕉的"恩赛特"，当地人用这种植物做成软糯的面包。在这里能吃到在其他国家见不到的料理。这也是源于埃塞俄比亚独特的文化。

像山药泥一样

几内亚比绍

料理名 ⇄ 花生酱 ⇄

秋葵花生酱

在几内亚比绍，会将秋葵花生酱浇在米饭上食用。
就和日本的"山药泥饭"差不多。

35
分钟

材料（2人份）

A| 秋葵……10根（切圆片）
  | 洋葱……½个（切薄片）
橄榄油……1大勺
水……2杯（400毫升）
B| 花生黄油……3大勺
  | 盐……½小勺

制作方法

1 将橄榄油倒入锅中加热，用中火将A炒
  至柔软。加水，煮沸。除沫之后，加入
  B，用小火炖20分钟。

2 关火，冷却之后放入搅拌器中。

3 再次放入锅中，用中火加热5分钟。

158

花生和秋葵都是营养丰富的食物。可以浇在米饭上食用。

对胃很好

利比亚

料理名 ∻ 茄子芝麻酱 ∻

茄子芝麻酱

茄子芝麻酱一般作为前菜上桌。
烤制后的茄子的味道令人欲罢不能。
建议作为沙司和面包一起食用。

（20分钟）

材料（2人份）

茄子……1个
A｜大蒜（末）……½小勺
　｜芝麻……1大勺
　｜柠檬汁……2小勺
　｜莳萝……1小勺
　｜盐……1小勺
橄榄油……1大勺

制作方法

1　在烤鱼架上，将茄子带皮烤。烤至出现
　　焦痕。

2　去皮，稍微冷却之后，用菜刀剁成细末。

3　将2和A放入大碗中，充分混合。淋上橄
　　榄油。

这道料理对胃很好。

美味的什锦饭

塞拉利昂

料理名 ♪ 鸡翅饭 ⸬

鸡翅根番茄什锦饭

这是当地常见的什锦饭。
煎过一次的鸡翅根很香，很美味。
用其他种类的肉进行制作的话会产生不同的风味。

50 分钟

材料（2人份）

大蒜……½瓣（切末）
鸡翅根……4个
橄榄油……3大勺
洋葱……½个（切末）
A 彩椒（红、黄）……各¼个（切丝）
　 青椒……½个（切丝）
B 米……0.1升（事先洗好）
　 咖喱粉……½小勺
C 番茄罐头……¼罐
　 水……1杯（200毫升）
　 盐……¾小勺

制作方法

1 将橄榄油倒入土锅中加热，用中火炒大蒜。等到飘出香味之后放入鸡翅根，煎至表面变成焦黄色。取出鸡翅根。

2 在同个锅里放入洋葱，用中火炒至柔软。加入A，炒5分钟。加入B，再炒5分钟。

3 加入C，边搅拌边用小火煮5分钟。

4 放回1，盖上盖子，煮15分钟。

在当地，在节日的时候会吃这道豪华的料理。大口大口地吃，更觉美味。

米饭颗粒分明

布基纳法索

料理名 ⇒ 米饭和牛肉末 ⇐
牛肉末什锦饭

在西非，很多国家以米饭为主食。

40分钟

材料（2人份）

大蒜……½瓣（切末）
橄榄油……2大勺
A｜ 牛肉末……100克
　　彩椒（红、黄）……各⅛个（切末）
　　青椒……½个（切末）
泰米（日本米）……0.1升（事先洗好）
B｜ 水……200毫升
　　盐……1小勺

制作方法

1　将橄榄油倒入平底锅中加热，用中火炒
　　大蒜。等到飘出香味之后，加入A，炒
　　至变色。

2　加米，炒至米开始变得透明。

3　加入B，盖上盖子，用小火焖15分钟。

条件允许的话一定用泰米做。请享受美味的什锦饭。

据说是德国人教的

在纳米比亚也流行香肠和啤酒的文化。

20分钟

材料（2人份）

香肠……2根
土豆……2个（切条）
盐……1小勺
色拉油……适量

制作方法

1　将香肠用小火煮15分钟。

2　用180摄氏度的色拉油炸土豆3分钟，趁热撒上盐。

3　将香肠和炸薯条盛盘。

纳米比亚

料理名 ⟩ 香肠和薯条 ⟨
香肠和炸薯条

148 —196

又甜又酸又辣！

在有着很多辛辣料理的加纳，连小吃都是辣的。

10分钟

材料（2人份）

A｜熟透的香蕉……4根
　　搅匀的蛋液……½个鸡蛋的量
　　洋葱（末）……1大勺
　　生姜（末）……½小勺
　　小麦粉……4大勺
　　一味辣椒粉……½小勺
花生……适量
色拉油……适量

制作方法

1　将A放入大碗中，边捣碎边搅拌。

2　用汤匙分成几块，用180摄氏度的色拉油炸5分钟左右。

3　搭配花生一起食用。

加纳
料理名 ⟩ 卡库罗 ⟨
辣味炸香蕉

149 —196

只需要充分地搅拌，进行油炸的超简单小吃。添加肉桂也很美味。

比汉堡肉还简单

南非

料理名 ≫ 波波提 ≪

多汁西式牛肉

这是混合干果制成的西式牛肉。
只需要调整好形状进行烤制，比做汉堡肉还简单。
满溢的肉汁本身就是最棒的调味料。

🕐 70分钟

材料（2人份）

A| 大蒜（末）……½小勺
　 生姜（末）……½小勺
　 洋葱……¼个（切末）
　 葡萄干……30克
B| 牛肉末……300克
　 牛奶……30克
　 面包粉……30克
　 杏仁片……1小勺（弄碎）
　 咖喱粉……½小勺
　 姜黄粉……½小勺
　 红糖（三温糖）……1小勺
　 盐、胡椒粉……½小勺
黄油……1大勺（12克）
搅匀的蛋液……2个的量

制作方法

1　将黄油放在平底锅中加热，放入A，用中火将洋葱炒至变成茶褐色。降温冷却。

2　在大碗中放入1和B，充分搅拌。

3　将黄油涂在耐热碟上，将2摊平摆好。

4　在表面浇上搅匀的蛋液，用190摄氏度的烤箱烤40分钟。

没有红糖的话，用普通的砂糖或者二温糖也可以。

羽衣甘蓝原来不苦啊

肯尼亚

料理名 羽衣甘蓝炖牛肉

羽衣甘蓝牛肉炖菜

这是一道将羽衣甘蓝作为主要食材的营养满分的炖菜。
羽衣甘蓝炖过之后苦味完全消失，味道就像卷心菜或白菜一样，能吃下很多。

80分钟

材料（2人份）

A｜ 牛腿肉……150克（切成骰子大）
　　 水……1杯（200毫升）
　洋葱……½个（切薄片）
　橄榄油……2大勺
B｜ 番茄罐头……½罐
　　 咖喱粉……½小勺
　　 盐……1小勺
　羽衣甘蓝……100克（切丝）

制作方法

1　将A放入锅里，煮沸。除沫之后，用小火炖40分钟。

2　将橄榄油倒入另外的锅里加热，用中火将洋葱炒至柔软。加入B和带汤汁的1，用中火炖15分钟。

3　加入羽衣甘蓝，用小火炖15分钟。

> 羽衣甘蓝给人的感觉像青汁一样苦，但是煮透了的话苦味就会完全消失。

蜜瓜的种子，必须留着！

尼日利亚

料理名 ⚡ 埃古西炖菜 ⚡

蜜瓜种子鸡肉炖菜

"埃古西"是一种当地的瓜科植物，据说只有种子部分能够食用。
与它的种子最接近的是蜜瓜的种子。

55
分钟

材料（2人份）

A｜鸡腿肉……½块（切成小丁）
　｜水……½杯（100毫升）
B｜蜜瓜的种子……5大勺
　｜干虾……30克
洋葱……½个（切粗末）
椰子油（橄榄油）……3大勺
C｜番茄罐头……½罐
　｜菠菜……½束（切丝）
　｜盐……1小勺

制作方法

1　将A放入锅里，煮沸。除沫之后，用小
　　火煮10分钟。

2　将B放入食品处理器中打成粉末状。

3　将椰子油倒入另外的锅里，用中火将洋
　　葱炒至柔软。

4　加入2和C，以及带汤汁的1，用小火炖
　　30分钟。

精致的烤鱼

中非

料理名 ❧ 鱼沙拉 ❧

爽口烤鱼沙拉

这是一道用烤鱼和生蔬菜腌制而成的沙拉料理。
洋葱的爽口和番茄的酸味简直是绝妙。

⏰ 20分钟

材料（2人份）

马鲛鱼……4块
橄榄油……2大勺
A｜ 洋葱……¼（切薄片）
｜ 番茄……½个（切薄片）
｜ 青椒……½个（切丝）
盐、胡椒粉……少许

制作方法

1 在马鲛鱼上撒上盐、胡椒粉。将油倒入平底锅中加热，用中火将鱼的两面各煎5分钟，煎至变成焦黄色。

2 盛盘，放上A，撒上盐、胡椒粉。

◁ 没有马鲛鱼的话，用竹荚鱼做也很好吃。

这个可能比味噌煮还好吃

坦桑尼亚

料理名 ✦ 青花鱼汤 ✦
青花鱼汤

这种做法可以使青花鱼更加美味。
做法简单并且用到的食材很少，可以尝试加入家庭的日常料理当中。

40
分钟

材料（2人份）

青花鱼（竹荚鱼）……4块
A ┌ 洋葱……½个（切薄片）
  │ 胡萝卜……½根（切成银杏叶形）
  │ 番茄罐头……½罐
  └ 柠檬……5毫米厚的圆片2片（分成4等份）
盐……1小勺
胡椒粉……少许
水……适量

制作方法

1 将青花鱼摊开放在锅里，按顺序放上A，撒上盐、胡椒粉。

2 加入水，水量以刚刚漫过食材为准，煮沸，除沫之后，用小火再炖30分钟。

只要将食材重叠然后炖即可。用小火慢炖的话，鱼能够煮得很柔软。

用小火慢慢炖

苏丹

料理名 ≯ 牛肉炖菜 ≮

秋葵牛肉炖菜

在牛肉炖菜中添加了黏稠的秋葵，能够温暖身体。
花很长时间炖成的牛肉和蔬菜特别香。

90分钟

材料（2人份）

A| 牛腿肉……100克（切成一口大）
　| 水……1杯（200毫升）
洋葱……½个（切薄片）
橄榄油……3大勺
B| 秋葵……10根（切圆片）
　| 番茄罐头……½罐
C| 莳萝……1小勺
　| 盐……1小勺

制作方法

1　将A放入锅里，煮沸。除沫之后，用小
　火煮40分钟。

2　将橄榄油倒入另外的锅里加热，用中火
　将洋葱炒至变成茶褐色。

3　加入B和带汤汁的1，煮沸。除沫之后，
　加入C，用小火炖30分钟，直到几乎没
　有汤汁。

〈牛肉和秋葵越炖就会变得越软，也就越好吃。

155 ／196

🌱 **从料理看世界 13**

美食无国界

　　非洲现在有50多个国家。苏丹和南苏丹本是一个国家，两国的饮食习惯也类似。于是，如何区分苏丹料理和南苏丹料理，让我很困惑。两国边境附近的地区可能吃着同样的食物，而同个国家的沙漠地区和雨林地区也可能吃着完全不同的东西。烦恼之后，我最终选择了适合日本人口味的两道菜。

　　用一句话来介绍一个国家的特点是不容易的。几乎无法采用"这个国家是这样的"之类的描述。实际上，根据不同地区的环境特点或民族特征，会形成不同的饮食和文化。

　　翻阅这本书时，你会逐渐明白，不同地区所使用的食材和烹饪手法是大不相同的。

　　比如，在非洲，使用花生和秋葵的料理很多，而在巴尔干半岛，用肉末的料理很多。但是，十分奇妙的是，相距遥远的国家有时却有相似的料理。知道这些的话，我们看世界的眼光也许也会产生少许的变化吧。

印度洋岛国的料理

 科摩罗

料理名 ⇒ 鱼炖菜 ⇐

鲣鱼番茄炖菜

番茄汤汁中混合着鱼的香味。
这道炖菜作为冬日的午餐会让人感到愉悦。
炖之前先把鱼炒一下，可引出香味。

45
分钟

材料（2人份）

A| 大蒜……1瓣（切末）
　| 洋葱……½个（切末）
橄榄油……1大勺
B| 鲣鱼……200克（切成一口大）
　| 土豆……1个（随意切块）
C| 番茄罐头……½罐
　| 盐……1小勺
　| 胡椒粉……少许

制作方法

1　将橄榄油倒入锅里加热，用中火将A炒
　至柔软。加入B，再炒5分钟。

2　加入C，煮沸。除沫之后，用小火炖30
　分钟。

170　＜用其他的鱼也能做，建议选择红身鱼，这类鱼鱼肉不容易散。　　　　　156 ⁄ 196

好像是香辣的豆腐渣？

多哥

料理名 ⅗ 蒸菜 ⅘

豆子金枪鱼蒸菜

黑眼豆是和大豆类似的豆子。
口感就像豆腐渣一样，潮湿柔软。
郁浓的咖喱味很下饭。很有饱腹感。

85
分钟

材料 (2人份)

黑眼豆（大豆）……100克（在水中浸泡一晚）
A｜ 金枪鱼罐头……1罐
　　 洋葱……½个
　　 番茄……½个
　　 咖喱粉……1小勺
　　 盐……1小勺
煮鸡蛋……2个（分别切成2半）

制作方法

1　将豆子外皮除去，尽量剥干净。

2　将所有豆子放入锅里，用中火煮30分钟，煮至柔软。

3　将2和A放入食品处理器中，打碎。

4　放入陶制的食器中，分成4等份，将半个煮鸡蛋插入其中。放进蒸笼中，用小火蒸40分钟。

黑眼豆也叫"熊猫豆"，可以在进口食品店购买。

稍微有点辣

斯威士兰

料理名 ⇒ 羊肉炖菜 ⇐

羊肉炖菜

这是斯威士兰的传统料理，是用羊肉做成的炖菜。
生姜和咖喱粉可以除去羊肉的腥味，吃起来十分美味。

110分钟

材料（2人份）

A｜ 羊肉（牛腿肉）……100克（切成骰子大）
　｜ 水……1杯（200毫升）
B｜ 大蒜……1瓣（切末）
　｜ 生姜……1块（切末）
　｜ 洋葱……1个（切末）
橄榄油……3大勺
咖喱粉……30克
C｜ 番茄罐头……½罐
　｜ 盐……1小勺
　｜ 胡椒粉……½小勺

制作方法

1　将A放入锅里，煮沸。除沫之后，用小火煮40分钟。

2　将橄榄油倒入另外的锅里加热，用小火将B炒30分钟，充分翻炒。加入咖喱粉，等到飘出香味之后再次翻炒。

3　加入1和C，煮沸。除沫之后，用小火再炖30分钟。

◁进行预处理的时候自不用说，炖的时候也要注意仔细除沫。

难以形容！

莫桑比克

料理名 ≥ 烤虾 ⩽

香草烤虾

只要将食材腌制之后放入烤箱中烤制即可。
用很香的香草引出虾的鲜味。
想直接用手拿着食用。

45
分钟

材料（2人份）

虾（不去头）……12只
A　橄榄油……50毫升
　　大蒜（末）……1小勺
　　龙蒿（有的话）……½小勺
　　牛至（末）……½小勺
　　百里香（末）……½小勺
　　盐……½小勺
　　胡椒粉……¼小勺

制作方法

1　除去虾的头尾（不剥壳）。

2　将1和A放入大碗中，充分混合，在冰箱
　中腌制30分钟。

3　用200摄氏度的烤箱烤5分钟，直到虾
　变成红色。

 ＜香草可以用干燥的也可以用新鲜的。充分腌制的话，香味会渗透到虾肉当中。

超浓柠檬味!

也门

料理名 ⁘ 柠檬香辣鸡肉 ⁘

柠檬汁炖鸡肉

就像炸鸡和柠檬汁的搭配一样,鸡肉和柠檬的味道十分相配。
不是在完成的时候加入柠檬汁,而是在最初就在鸡肉上浇上柠檬汁。这是这道菜的关键点。

40分钟

材料(2人份)

鸡腿肉……2块(切成一口大)
柠檬汁……2大勺
A│ 大蒜……2瓣(切末)
 │ 洋葱……1个(切条)
橄榄油……2大勺
B│ 番茄罐头……¼罐
 │ 酸奶……3大勺
盐……1小勺

制作方法

1 将柠檬汁浇在鸡肉上,撒上盐,静置10分钟。

2 将橄榄油倒入锅里加热,用中火将A炒至柔软。

3 加入1和B,用小火炖20分钟。除沫之后,用盐调味。

柠檬的酸味决定了料理的味道,请尽情使用。

今天是亚洲的美味

马来西亚

料理名 ⇒ **炒面** ⇐

马来风炒荞麦面

这是马来半岛的风味炒荞麦面。
比日本的炒荞麦面更加甜、更加辣。
"桑巴尔"是当地常见的辣味调味料。

材料（2人份）

鸡腿肉……50克
A｜ 卷心菜……½个（随意切）
　｜ 豆芽……½袋
色拉油……1大勺
荞麦面……2团
B｜ 酱油……50毫升
　｜ 黑糖……50克
　｜ 桑巴尔（豆瓣酱）……½小勺
花生（装饰用）……适量（弄碎）

制作方法

1　将鸡肉煮熟，切成小块。

2　将色拉油倒入平底锅中加热，用大火将A炒至柔软。加入1、荞麦面以及B，用中火炒至汤汁几乎变干为止。

3　盛盘，撒上花生。

 ＜在当地还会加一种叫番茄清酱的调味料。这次选择用酱油和黑糖来代替。

161 ⁄196

越南

料理名 ⇒ **春卷** ⇐

炸春卷

外表酥脆、内里软糯的炸春卷。
由于包着肉末馅料，有着和饺子相近的口味。
又酸又甜又辣的蘸酱是美味的秘诀。

材料（2人份）

粉丝……50克（切成5厘米长）
木耳……3克（切末）
A｜ 猪肉末……100克
　｜ 胡萝卜……¼根（切末）
　｜ 大蒜（末）……½小勺
　｜ 鱼露……1大勺
米纸……8片
B｜ 醋……3大勺
　｜ 鱼露……1大勺
　｜ 一味辣椒粉……1小勺
　｜ 砂糖……1大勺
色拉油……适量

制作方法

1　将粉丝和木耳放在水中泡发后切好。

2　将1和A放入大碗中，充分混合。

3　在另外的大碗中放入足量分的水，将米纸浸泡5秒左右，然后用毛巾包裹除去水分。分别包起分成8等份的2。

4　用160摄氏度的色拉油炸10分钟左右，炸至酥脆。配上将B混合而成的蘸酱。

176

 ＜米纸尽量买尺寸小一点的。

162 ⁄196

在米饭上浇酸奶？

约旦

料理名 ⟩ 曼萨夫 ⟨

酸奶番红花饭

这是一道用酸奶煮肉，
之后浇在番红花饭上食用的传统料理。
"曼萨夫"在当地语言中是"大盘子"的意思。

（65分钟）

材料（2人份）

A| 米……0.1升（事先洗好）
   水……1杯（200毫升）
   番红花……5根
   盐……½小勺
B| 羊肉（牛腿肉）……200克（切成一口大）
   水……2.5杯（500毫升）
C| 酸奶……200克
   豆蔻……½小勺
   莳萝……½小勺
   肉桂……¼小勺
   盐……1大勺

制作方法

1 将A放入电饭煲中，浸泡15分钟之后再
  煮饭。

2 将B放入锅里，用中火煮30分钟。加入
  C，再用小火炖15分钟。

3 将1盛盘，浇上2。

《酸奶和番红花饭的组合非常美味。

口感温和
却不失香辣

不丹

料理名 ❧ 蘑菇土豆芝士炖菜 ❧

蘑菇土豆芝士炖菜

这道不丹的传统炖菜会消耗很多辣椒。
外观看上去清爽，但实际上非常辣。
辣味能够温暖身体。

30
分钟

材料（2人份）

土豆……2个
菌菇类……500克
洋葱……½个（切条）
大蒜……1瓣（切末）
生姜……1块（切末）
混合芝士……100克
水……½杯（100毫升）
色拉油……1大勺
一味辣椒粉……1小勺
盐……1小勺

制作方法

1　将土豆煮熟，切成边长2厘米的小块。

2　将所有材料放入锅里，用小火边搅拌边
　　煮（煮到土豆变软，芝士融化变得黏稠
　　之后就完成了）。

经常食用辣椒的不丹。这道料理的辣度还算适中。

酸味弥漫

菲律宾

料理名 ✄ 猪肉汤 ✄

猪肉酸汤

难以言喻的酸味刺激着口腔，本料理就是这样一道美味酸汤。
主要食材也可以用蔬菜或者海鲜，但是最常用的还是猪肉。
在炎热的夏天，先吃这道料理的话能够增进食欲。

60分钟

材料（2人份）

A| 猪里脊肉……2块（切成一口大）
　秋葵……4根（去蒂）
　萝卜……½根（切成银杏叶形）
　番茄……½个（切块）
　茄子……1根（切条）
　水……2杯（400毫升）
B| 柠檬汁……2大勺
　鱼露……1大勺
　盐……½小勺

制作方法

1　将A放入锅里，用中火炖20分钟。

2　加入B，煮沸。除沫之后，用小火炖30分钟。

笔记
＜如果觉得味道不够浓的话，可以多加点鱼露。

165 ⁄ 196

✿ **从料理看世界 14**

"酸"的好处

　　为什么会诞生这道美味的酸汤呢？这得益于生长在热带地区的叫作罗望子的植物。人们用它的果实来做汤。

　　菜谱中用柠檬来代替。当地的罗望子是在热带生活的狐猴们非常喜欢的东西。可以使其发酵，变成更酸的东西作为调味料。"酸"有两个好处，一个是不容易腐烂，还有一个是在炎热的时候增进食欲。这是炎热国家的居民们的智慧。世界各地有很多酸味料理，比如，密克罗尼西亚联邦的名叫酱油醋鸡（p105）的料理就使用了大量的醋。如何延长食物的保存期？世界各地的居民发挥聪明才智，有着各种方法。

在路上贩卖水果的商贩。在街上走一走就能看见很多罕见的水果。

当地的烤串摊子。有猪肉、牛肉、鸡肉等，种类丰富，人气很高。

口感真不错!

斯里兰卡

料理名 豆子咖喱

红扁豆咖喱

红扁豆是不需要泡发的便利食材。
本料理是一道使用了数种香料，但是却充满了温和味道的豆子咖喱。

50
分钟

材料（2人份）

大蒜……1瓣（切末）
色拉油……1大勺
A 卡宴辣椒粉……½小勺
   莳萝……1小勺
   肉桂……½小勺
B 红扁豆……100克
   番茄罐头……¼罐
   水……2.5杯（500毫升）
盐……1小勺
胡椒粉……½小勺

制作方法

1 将色拉油倒入锅里加热，用小火将大蒜
   炒出香味。加入A，炒至飘出香辣味。

2 加入B，用小火煮30分钟，将红扁豆煮
   至柔软。用盐、胡椒粉调味。

<   如果喜欢扁豆的话，可以尝试将其加在汤或者沙拉里。

腾贝是什么？

东帝汶

料理名 ⇜ 咖喱腾贝 ⇝

腾贝椰子咖喱

腾贝是一种像凝固了的纳豆般的食材。
炸过之后，其表面松脆，非常美味。
可以将其作为肉类的代替品放入咖喱里。

25
分钟

材料（2人份）

A| 大蒜（末）……½小勺
生姜（末）……½小勺
洋葱……½个（切粗末）
色拉油……1大勺
B| 番茄罐头……½罐
椰奶……1杯（200毫升）
盐……1小勺
桑巴尔（豆瓣酱）……1小勺
腾贝……100克（切成一口大）

制作方法

1 将色拉油倒入锅里加热，用中火将A炒
至柔软。加入B，煮沸。除沫之后，用盐
和桑巴尔调味，用小火煮5分钟。

2 将腾贝用180摄氏度的油炸5分钟。

3 在1中加入2。

腾贝没有纳豆般的黏性和怪味，是可以作为肉类的替代品使用的食材。

酥脆！美味！

柬埔寨

料理名 ⟫ 炸面包 ⟪

肉末炸面包

这是在法棍上放上食材炸制而成的料理。
甜辣酥脆，是孩子们喜欢的味道。
柬埔寨的面包很好吃。

30 分钟

材料（2人份）

粉丝……15克（切成2厘米长）
木耳……3克（切碎）
A｜猪肉末……150克
　　搅匀的蛋液……½个的量
　　胡萝卜……¼根（切末）
　　大蒜（末）……½小勺
　　鱼露……1大勺
　　盐……½小勺
法棍……6片（切成2厘米厚的圆片）
色拉油……适量

制作方法

1　将粉丝和木耳在水中泡发后切开。

2　将1和A放入大碗中，充分搅拌。

3　将2涂在法棍上，用180摄氏度的色拉油炸，将涂有食材的那面向下炸7分钟。然后翻过来，将面包那面也炸酥脆。

提示

◁法棍很吸油，尽量用新的油炸。

168 —196

🌱 **从料理看世界 15**

法棍是家庭的味道

　　"柬埔寨的法棍真是美味！"经常听到别人这么说。位于东南亚正中间的柬埔寨却经常吃法棍？没错，在柬埔寨，大家都理所当然地吃着法棍。

　　出现这种情况的理由是，柬埔寨的生活方式深受法国的影响。在首都金边，随处可见法国风的建筑物，被称为"东方巴黎"。

　　炸面包也是受到法国的影响。在柬埔寨的小摊上肯定会有用法棍做成的料理，还有夹着肉或者肉末的三明治。在当地家庭中经常做这些料理，可见法棍已经渗透到当地家庭的味道当中。

　　顺便说，越南也有一种叫"拜明"

在柬埔寨的时候访问的遗迹"安可·汤姆"。我和作为向导的青年一起去了好几次，是很美好的回忆。

的法式三明治很有名。咖啡店里的法式咖啡也很美味。

　　在日本没有把法棍作为家庭料理的习惯。不妨在家里尝试做一下肉末炸面包。

来自印度的充满香料香味的羊肉咖喱。

意外很简单

印度

料理名 ☞ 羊肉咖喱 ☜
香料羊肉咖喱

169 — 196

材料（2人份）

A｜大蒜（末）……1小勺
　｜生姜（末）……1小勺
　｜洋葱……1个（切薄片）
羊肉（牛腿肉）……200克
B｜番茄罐头……½罐
　｜番茄酱……2大勺
　｜三味香辛料……1小勺
　｜丁香……½小勺
　｜红辣椒粉……1大勺
盐……1小勺
黑胡椒粉……½小勺

制作方法

1　用小火将A炒30分钟，充分炒透。

2　加入羊肉，用中火炒5分钟，炒至变色。

3　加入B，用小火炖30分钟。用盐、黑胡椒粉调味。

50分钟

这是椰子咖喱和青花鱼的美妙组合。

鲜美的汤汁

孟加拉国

料理名 ☞ 椰子鱼 ☜
椰子咖喱青花鱼

170 — 196

材料（2人份）

洋葱……½个（切薄片）
色拉油……1大勺
A｜卡宴辣椒粉……½小勺
　｜豆蔻……½小勺
　｜莳萝……1小勺
　｜香菜……1小勺
B｜姜黄粉……1小勺
　｜青花鱼……2块
　｜水……½杯（100毫升）
椰奶……1.5杯（300毫升）
盐……1小勺
胡椒粉……½小勺

制作方法

1　将色拉油倒入锅里加热，用中火将洋葱炒至柔软。

2　加入A，炒出香气之后加入B，用中火炖15分钟。

3　加入椰奶，用小火炖15分钟。用盐、胡椒粉调味。

大人和孩子都很喜欢！

土耳其

料理名 ⸴ 京福特 ⸴
炖牛肉丸子

本料理是用爽口的番茄酱汁慢炖而成的牛肉丸子。
"京福特"在中东地区指的是肉丸。

70
分钟

材料（2人份）

A｜ 大蒜……1瓣（切末）
　｜ 洋葱……½个（切末）
橄榄油……1大勺
B｜ 番茄罐头……1罐
　｜ 水……100毫升
C｜ 牛肉末……150克
　｜ 洋葱……½个（切末）
　｜ 鸡蛋……½个
　｜ 牛奶……1大勺
　｜ 面包粉……一把
　｜ 盐……½小勺
　｜ 胡椒粉……少许

制作方法

1　制作番茄酱汁。将橄榄油倒入锅里加热，
　用中火将A炒至柔软。加入B，煮沸。转
　小火，加入盐、胡椒粉，炖20分钟。

2　制作肉丸子。将C放入大碗中，揉成一
　团，做成直径5厘米大小的丸子。

3　在1里加入2，用中火炖30分钟。

不愧是世界三大料理之一的土耳其料理，味道有保障。

这道料理十分独特，将本应是主食的
意大利面做成了点心。

10
分钟

材料（2人份）

细意大利面······100克
葡萄干······30克
融化黄油······30克
豆蔻······½小勺
粉砂糖······2大勺

制作方法

1 煮好意大利面，之后放入冷水中，用漏
  斗沥干水分，转移到大碗中。

2 加入所有的材料，混合。

有趣！

阿曼

料理名 》塞维亚 《
甜点意大利面

172 — 196

经充分冰镇后，本料理可以搭配咖喱
食用。

70
分钟

材料（2人份）

黄瓜······2根
酸奶······200克
盐······½小勺

制作方法

1 将黄瓜带皮切成末。加入盐，在冰箱中
  冷藏1小时。

2 除去1的水分，和酸奶混合。

口味十分清爽

科威特

料理名 》黄瓜和酸奶 《
黄瓜末酸奶沙拉

173 — 196

米饭！再来一碗！

40 分钟

日本的中华料理店中的王牌菜肴。

材料（2人份）

豆腐……1块　色拉油……1大勺
猪肉末……50克

A　葱白……½根（切末）　B　豆瓣酱……1大勺
　大蒜……1瓣（切末）　　甜面酱……1大勺
　生姜……1块（切末）

C　酒……2大勺
　酱油……2大勺
　砂糖……1小勺　　　太白粉……2大勺
　盐、胡椒粉……少许　（放3倍的水溶解）
　水……1杯　　　　　青葱……适量
　　　　　　　　　　芝麻油……1大勺

制作方法

1　将豆腐去水，切成骰子大。

2　用中火将A炒出香味，加入猪肉末，炒至变色。加入B，再炒3分钟。

3　加入C，煮沸之后加入1，再煮沸。加入溶于水的太白粉，完成之后淋上芝麻油，撒上青葱。

中国

料理名 ✦ 麻婆豆腐 ✦

麻婆豆腐

174 — 196

粉丝非常有弹性！

30 分钟

韩国粉丝比绿豆粉丝更加软糯且富有弹性。

材料（2人份）

A　牛肉薄片……50克
　大蒜（末）……½小勺
　芝麻油……1小勺
　酱油……2大勺
　砂糖……1小勺
韩国粉丝（煮）……100克（切成5厘米长）
B　胡萝卜……¼根（切丝）
　酱油……1大勺
　砂糖……1小勺
　盐……少许
芝麻末……适量

制作方法

1　将A放入大碗中，充分搅拌，在冰箱中腌制10分钟。

2　将平底锅加热，用大火将1带腌汁翻炒，炒透了之后取出。

3　在同个平底锅中放入韩国粉丝和B，用中火炒5分钟左右。加入2，混合搅拌。撒上芝麻末。

韩国

料理名 ✦ 炒粉丝 ✦

韩国风牛肉炒粉丝

175 — 196

清脆爽口！

叙利亚

料理名 ⇒ 扁豆番茄炖菜 ⇐

扁豆番茄炖菜

扁豆的品尝时节是6月到9月。到时节了请一定尝试做一下这道料理。
来自叙利亚的美味扁豆番茄炖菜。

40
分钟

材料（2人份）

A| 大蒜……1瓣（切末）
  牛肉末（羊肉末）……100克
  洋葱……½个（切末）
  青椒……1个（切末）
橄榄油……1大勺
B| 扁豆……400克（切成5厘米）
  番茄罐头……1罐
  水……½杯（100毫升）
  盐、胡椒粉……少许

制作方法

1 将橄榄油倒入平底锅中加热，用中火炒5分钟。

2 加入B，用小火炖30分钟。

可以享受扁豆爽脆的口感。

176 — 196

🌱 从料理看世界 16

暖心的炖菜

这是一道位于中东地区的叙利亚的料理。我是从一个居住在日本的叙利亚母亲那里学来的。

她的孩子们现在在日本上学，但是吃不惯日本食堂中的料理。因此，我想把孩子们喜爱吃的料理做成速食品，为他们的生活做一点贡献，这也是我与这家人交往的契机。

我去见了住在兵库县的他们。这位母亲十分温柔，孩子们也很活泼可爱。

这一家人积极乐观，在陌生的国土虽然多有不便，但是他们并不因此叹息，而是一直保持向前的姿态，这令我感到十分动容。

这道扁豆番茄炖菜是叙利亚的日常料理，也是孩子们最喜欢的母亲的味道。我期盼着这一家能在日本快乐地生活，并且能够回味故乡的料理。同时，我也希望能有更多的人品尝到叙利亚的美味料理。

炎热的日子也能吃

阿联酋

料理名 ≹ 烤牛肉 ≸

爽口烤牛肉

这是一道充分利用醋来调味的中东肉类料理，
饱含着芥末和肉桂的味道。
预先进行调味的话，后续烤制的时候就比较轻松。

150 分钟

材料（2人份）

A| 牛肉片……300克
   洋葱……½个（切末）
   米醋……¼杯（50毫升）
   法国芥末……2小勺
   肉桂……½小勺
   大蒜（末）……½小勺
   盐……½小勺
B| 洋葱……¼个（切薄片）
   番茄……¼个（切块）

制作方法

1 将A放入大碗中，充分搅拌，在冰箱中
  腌制2小时。

2 将1放入耐热碟中，放上B，用230摄氏
  度的烤箱烤20分钟。

 ◁ 事先用醋和洋葱腌制能够使牛肉变得柔软。

很有嚼劲

沙特阿拉伯

料理名 ⚜ 烤蔬菜 ⚜

什锦烤蔬菜

将各种蔬菜、肉等翻炒并煮过之后,再用烤箱烤制。
食材丰富,吃起来十分痛快。

（30 分钟）

材料 (2人份)

大蒜……1瓣（切末）
橄榄油……2大勺
A| 洋葱……½个（切薄片）
  胡萝卜……½根（切圆片）
  鸡胸肉……100克（切成一口大）
  土豆……½个（切薄片）
B| 扁豆……6根（对半切开）
  杏鲍菇……1根（竖着切开）
  秋葵……4根（对半切开）
  茄子……¼根（切圆片）
C| 番茄罐头……½罐
  莳萝……1小勺
  盐……1小勺
  胡椒粉……少许

制作方法

1 将橄榄油倒入锅里加热,用小火炒大蒜。
  飘出香味之后按顺序放入A,用大火炒
  至柔软。

2 加入B,炒至柔软。加入C,再炒5分钟
  左右。转移到耐热碟中,用230摄氏度
  的烤箱烤15分钟。

用烤箱烤能够凝缩食材的味道。请充分烤制。

好香的味道！

尼泊尔

料理名 ❧ 鸡肉番茄咖喱 ❧

鸡肉番茄咖喱

这是尼泊尔的鸡肉番茄咖喱。
其中放入了种类众多的香料，但香味却不浓烈，也适合孩子食用。
恰到好处的酸味能增进食欲。

50 分钟

材料（2人份）

A| 大蒜（末）……1大勺
　 生姜（末）……1大勺
　 洋葱……½个（切薄片）
　 青椒……1个（切薄片）
色拉油……1大勺
鸡腿肉……1块（切成一口大）
B| 番茄罐头……½罐
　 卡宴辣椒粉……½小勺
　 三味香辛料……1小勺
　 莳萝……1小勺
　 香菜……1小勺
　 姜黄粉……1小勺
盐……1小勺
胡椒粉……1小勺

制作方法

1　将油倒入锅里加热，用中火将A炒至柔软。

2　加入鸡肉，肉变白之后加入B，用小火炖30分钟。

3　用盐、胡椒调味（如果煮过头了就加水，调整成适当的稠度）。

留心
可以不放水，光用番茄的水分做。

179 ╱196

❧ **从料理看世界 17**

宁静国度的愉快笑脸

　　尼泊尔是我进行海外修行之旅时待的时间最长的国家，一共住了4个月。这个国家的人非常温柔，经常有人说"来到尼泊尔之后非常安心"。

　　尼泊尔的治安也很好，这也是让人安心的原因之一。这大概归功于温柔的国民性。

　　这道鸡肉番茄咖喱就是诞生于这个宁静国度的美味。菜谱是我借住的家庭的女主人教我的。比起印度，这道咖喱的香味较弱，更适合日本人的口味。每当吃到这柔和的味道，我就会想起尼泊尔人温柔的笑脸。说一个题外话，在尼泊尔时我结识的一位女性志愿者，现在是我的妻子。

我借住的家庭中的女主人教我查帕茶的制作方法。

我在旅居时认识的尼泊尔学生。很亲切。

鸡蛋滑溜溜

以色列

料理名 🍴 鸡蛋番茄汤 🍴

半熟鸡蛋番茄汤

在简单的彩椒番茄汤中打入鸡蛋，有种豪华的感觉。
本料理中饱含维生素，可以预防感冒。

35 分钟

材料（2人份）

A│ 大蒜……1瓣（切末）
　│ 洋葱……1个（切末）
橄榄油……1大勺
B│ 彩椒（红、黄）……各½个（切短条）
　│ 青椒……1个（切短条）
　│ 番茄罐头……1罐
　│ 盐、胡椒粉……少许
鸡蛋……2个

制作方法

1　将橄榄油倒入锅里加热，用中火将A炒
　　至柔软。

2　加入B，煮沸。除沫之后，用小火炖20
　　分钟。

3　分别打入两个生鸡蛋，盖上盖子，用小
　　火炖5分钟。

鸡蛋煮至半熟能够产生滑嫩的口感。

令人怀念的味道

缅甸

料理名 ≫ 土豆炖肉 ≪

缅甸风味土豆炖肉

和日式的有点甜的土豆炖肉不同，这是道有点辣的土豆炖肉。
调味料能够引出食材本身的美味。

50分钟

材料（2人份）

鸡肉……1块（切成一口大）
A｜ 姜黄……1小勺
　｜ 盐……1小勺
B｜ 洋葱……1个（切薄片）
　｜ 大蒜……1瓣（切末）
　｜ 生姜……1块（切末）
色拉油……2大勺
C｜ 土豆……2个（随意切块）
　｜ 水……½杯（100毫升）
　｜ 卡宴辣椒粉……½小勺
　｜ 鱼露……2大勺
　｜ 盐……½小勺
　｜ 胡椒粉……少许
三味香辛料……1大勺

制作方法

1　将A撒在鸡肉上，充分揉搓，在冰箱里
　　放置20分钟。

2　将色拉油倒入锅里加热，用中火将B炒
　　至柔软。加入鸡肉，炒至变白。

3　加入C，煮沸。除沫之后，用小火炖20
　　分钟。最后加入三味香辛料。

这道菜的美味秘诀是揉搓、翻炒、炖这三步。

这个香草，是亚洲的味道

老挝

料理名 ⭐ 奥凯 ⭐

鸡肉茄子炒罗勒

这是一道使用了大量罗勒的老挝料理。
吃下一口，爽口的味道就会在口中弥漫。
是非常下饭的菜肴。

30 分钟

材料（2人份）

A | 大蒜……1瓣（切末）
  | 生姜……1块（切末）
  | 洋葱……½个（切末）
色拉油……1大勺
B | 鸡胸肉……300克（切成一口大）
  | 茄子……2根（切成骰子大）
  | 罗勒……1根（切粗末）
C | 水……¼杯（50毫升）
  | 鱼露……2大勺

制作方法

1 将色拉油倒入锅里加热，用中火炒A。
  等到飘出香味之后，加入B。将鸡肉炒
  至变白。

2 加入C，用小火炖20分钟。

 ⟨ 将柠檬草或者丁香橘的叶子切碎放入的话，会更接近当地的味道。

冷却也好吃

伊朗

料理名 ⇒ 肉丸酸奶汤 ⇐

酸奶炖肉丸

这是一道将鸡肉丸子用调味料和酸奶煮成的料理，
味道是带着酸味的奶油味。
想搭配着酒食用。

40 分钟

材料（2人份）

A| 鸡肉末……200克
  盐……½小勺
  胡椒粉……少许
色拉油……1大勺
洋葱……½个（切末）
B| 酸奶……300克
  玉米粉……1大勺（和酸奶混合）
  水……50毫升
  豆蔻……⅓小勺
  莳萝……⅓小勺
  番红花……3根
  肉桂……⅓小勺
  姜黄粉……⅓小勺
盐、胡椒粉……少量
柠檬汁……1大勺
杏仁片……适量

制作方法

1 将A放入大碗中，充分揉搓，分成6等
  份，做成肉丸。

2 将色拉油倒入平底锅中加热，用中火煎
  1，不断翻转直至鸡肉变成焦黄色，取出。

3 在同个平底锅中，用中火翻炒洋葱。加
  入B和2，用小火炖20分钟。用盐、胡
  椒粉调味。加入柠檬汁，撒上用小火煎
  过的杏仁片。

中东地区经常采用酸奶汤炖肉这种方法。

色香味俱全！

伊拉克

料理名 ✦ 马库鲁巴 ✦

肉桂风味茄子牛肉什锦饭

这是用大锅或电饭煲做成的让人欢快的料理。
在很多人聚集的时候会用这道料理招待客人。大家不断呼唤着"我们美味的马库鲁巴！"
美味的料理总是能使人们展开笑颜。

80分钟

材料（2人份）

茄子……3根（去皮，切成骰子大）
盐……适量
橄榄油……2大勺
牛腿肉……300克（切成骰子大）
米……0.2升
水……380毫升
A| 盐……2勺
　| 肉桂……½小勺
杏仁片……3大勺

制作方法

1　将盐轻轻撒在茄子上，放置15分钟。

2　将橄榄油倒入平底锅中加热，放入牛肉，轻轻撒上盐，用中火炒至熟透。

3　将1中渗出的水分用厨房用纸吸去，然后用180摄氏度的油炸7分钟左右。

4　将3和2重叠放入电饭煲中，在上面加入米。将A中放入适量的水，搅匀，然后倒入电饭煲中，煮饭。

5　撒上杏仁片。

建议 ＜充分除去茄子的水分，不让茄子水淋淋的，是这道料理的重点。

184 ╱ 196

🌼 从料理看世界 18

中东的派对料理

　　以伊拉克为代表，中东地区的很多国家都流行这道料理。两河流域是世界古代文明的发祥地之一，有着悠久的历史。从很早开始，这片地区就拥有了自己独特的饮食文化。

　　"马库鲁巴"在当地的语言中是"翻转"的意思。制作时，锅里先放蔬菜然后再盖上米，煮饭。在聚会的时候，伴随着"我们美味的马库鲁巴"的呼唤，厨师"砰"的一声翻转什锦饭，将有蔬菜的一面翻到上边，之后便迎来此起彼伏的欢呼声。在伊拉克，招待客人或者亲人们聚集在一起的时候，大家会吃这道料理来庆祝。有点像日本在办喜宴或者法事的时候，亲戚们都聚集在一起吃什锦寿司的感觉。

　　放眼世界，像这样在大家面前翻转的料理也是很少见的。什锦饭翻过来之后看上去像蛋糕一样，可以在上面插旗子或者放上其他装饰品。这道料理制作起来很简单，还可以活跃气氛。请一定要在聚会的时候尝试制作这道料理。客人们应该也会非常开心的。

餐厅的味道

料理名 ≽ 烤鸡肉 ≼
香料烤鸡肉

这是一道香辣的鸡肉料理。
尝试在家再现餐厅的味道吧。
由于已经充分入味，即使冷掉也很美味。

135
分钟

材料（2人份）

鸡腿肉……400克（切成一口大）
大蒜（末）……½小勺
生姜（末）……½小勺
酸奶……100克
卡宴辣椒粉……½小勺
三味香辛料……1小勺
莳萝……½小勺
盐……1小勺

制作方法

1 将所有材料放入大碗中，充分混合，在
   冰箱中腌制2小时。

2 用铁串串好，在230摄氏度的烤箱中烤
   10分钟，烤至鸡肉变色。

如果用烤鱼架烤的话，则用中火烤10分钟即可。请充分烧烤。

带骨头很美味

文莱

料理名 ≷ 炸鸡翅根 ≷

风味炸鸡翅根

这道炸鸡翅根料理有着鱼露的味道。
甜辣的味道，再加上肉的柔嫩口感，令人欲罢不能。

（50 分钟）

材料（2人份）

鸡翅根……8个
水……2杯（400毫升）
A｜鱼露……½杯（100毫升）
　　丁香……4根
　　月桂叶……2片
　　大蒜（末）……½小勺
　　生姜（末）……½小勺
　　黑糖……50克

制作方法

1　将鸡翅根用大火煮5分钟，然后用流水洗净。

2　在另外的锅里放入1和水，煮沸。之后调成小火，加入A，炖30分钟。

3　取出鸡翅根，用230摄氏度的烤箱烤10分钟。

食材适用鸡腿、鸡翅根都可以，一定要用带骨头的。

这是一道位于印度洋上的岛国的料理。味道和奶油炖菜相似。

材料（2人份）

A 大蒜……1瓣（切末）
　 洋葱……¼个（切末）
B 卡宴辣椒粉……½小勺
　 豆蔻……½小勺
　 莳萝……½小勺
　 肉桂……½小勺
　 姜黄……1小勺
椰奶……2杯（400毫升）
鲣鱼（金枪鱼）……100克（切成一口大）
盐……1.5小勺　胡椒粉……少许

制作方法

1 用中火将A炒至柔软。加入B，用小火炒5分钟。

2 加入椰奶，煮沸之后调成中火，加入鲣鱼。用盐、胡椒粉调味，边除沫边用小火炖15分钟。

南国的基本菜

马尔代夫

料理名 ⇒ 鱼咖喱 ⇐
鱼咖喱

187 —196

将肉放在酸奶中腌制，然后加入番茄等食材炖制而成的料理。

材料（2人份）

A 羊肉（牛腿肉）……200克（切成一口大）
　 酸奶……2大勺
　 大蒜（末）……1小勺
　 生姜（末）……1小勺
　 盐、胡椒粉……1小勺
B 青椒……2个（切丝）
　 番茄罐头……½罐
色拉油……1大勺

制作方法

1 将A放入大碗中，充分搅拌，在冰箱中腌制1小时。

2 将色拉油倒入平底锅中加热，用中火将1炒8分钟。

3 在2中加入B，边搅拌边用小火炖30分钟。

柔软

阿富汗

料理名 ⇒ 酸奶腌羊肉 ⇐
酸奶腌羊肉炖菜

188 —196

茄子、秋葵、南瓜、番茄，
夏日蔬菜大拼盘。

25分钟

材料（2人份）

A 大蒜……1瓣（切末）
　洋葱……½个（切成月牙形）
橄榄油……1大勺
C 茄子……½个（切短条）
　秋葵……6根（切圆片）
　南瓜……100克（切成一口大）
　番茄罐头……¼罐
　水……1杯（200毫升）
　盐……1小勺
　胡椒粉……少许

B 鸡腿肉……1块
　（切成一口大）
　三味香辛料……
　½小勺
　莳萝……1小勺
　香菜……½小勺

制作方法

1 将油倒入锅里加热，用中火炒A。

2 加入B，炒出香气后加入C，用小火炖15分钟，直到几乎没有汤汁。

巴林
充分炖煮

料理名 ⚜ 鸡肉炖南瓜 ⚜
鸡肉炖南瓜

189 —196

可以搭配红酒食用

这是用鹰嘴豆和炒芝麻做成的酱。
可以搭配面包细细品尝。

10分钟

材料（2人份）

鹰嘴豆（水煮罐头）……1罐
A 大蒜（末）……½小勺
　橄榄油……3大勺
　炒芝麻……2大勺
　莳萝……½小勺
盐、胡椒粉……少许
橄榄油……适量

制作方法

1 酱鹰嘴豆用搅拌器搅碎。

2 在1中加入A，再次放入搅拌器中（如果有颗粒残留的话，加入少量的鹰嘴豆罐头中的汁液使其顺滑）。

3 用盐、胡椒粉调味，盛盘，浇上橄榄油。

黎巴嫩

料理名 ⚜ 鹰嘴豆酱 ⚜
鹰嘴豆酱

190 —196

酒后沁人心脾

新加坡

料理名 ⚶ 卤猪肉 ⚶

卤猪肉

这是一道融入中国要素的东南亚料理。
以酱油调味的爽口味道一点一滴地沁入心脾。

130
分钟

材料（2人份）

猪五花肉……100克（切成一口大）
猪里脊肉……100克（切成一口大）
萝卜……½根（切成一口大）
大蒜（带皮）……1瓣
蚝油……1小勺
酱油……1大勺
枸杞子……8个
丁香……1根
八角……1个
盐……1小勺

制作方法

1   将所有材料放入锅里，煮沸，除沫。

2   用小火炖2小时。

提示
＜放太多八角或丁香的话会有很浓的药味，请注意。

191 — 196

❦ 从料理看世界 19

极具包容力的国家

新加坡的面积和日本东京差不多大。在这个国家有着印度系、中国系、马来系等，混合着各种各样的人种和文化。不同文化、风俗的人们快乐地生活在一起，十分尊重彼此的生活方式。新加坡的人们过着平静、和谐的生活，我觉得十分了不起。还设有印度人街、唐人街等，和旅游紧密结合在一起。我非常喜欢这种包容的文化。料理和文化互相融合，由此发展成新加坡独特的饮食文化。

新加坡就是这样一个极具包容力的国家。

聚集了很多小摊的"霍克兹"。在这里能吃到各国料理。

正在颠锅的霍克兹的厨师。他正在做牡蛎蛋卷。

好烫！好脆！

蒙古

料理名 ⫸ 蒙古盒子 ⫷

炸肉盒子

这是一道用面皮包裹肉馅，然后炸制而成的料理。
表面酥脆，馅料多汁。
一定要趁热吃。

60
分钟

材料（2人份）

A| 面粉……250克
水……125毫升
盐……½小勺
B| 牛肉末……300克
洋葱……½个（切末）
大蒜……1瓣（切末）
盐……½小勺
胡椒粉……少许
色拉油……2大勺

制作方法

1　制作面皮。将A放入大碗中，揉成一团。
在常温下醒30分钟。

2　制作馅料。在另外的大碗中放入B，充
分混合。分成4等份。

3　将1拉成3厘米宽的棒状，分成4等份。
然后擀成直径12厘米的圆形，放上2，
包成类似饺子的形状。

4　将色拉油倒入平底锅中加热，用小火将
两面各炸8分钟，炸至变成茶褐色。

面皮的材料只需要面粉、盐和水。首先尝试从制作开始挑战吧。

192 ⁄196

在沙拉中放入炸油豆腐

印度尼西亚

料理名 ⚜ 沙拉 ⚜

亚洲风蔬菜沙拉

这是在温热的蔬菜上浇上花生黄油而做成的沙拉。
里边还加入了炸油豆腐和虾片。
在当地，从小摊到酒店，许多地方都能吃到。

30分钟

材料（2人份）

A｜ 卷心菜……⅛个（切短条）
　　 胡萝卜……¼根（切薄片）
　　 豆芽……½袋
B｜ 酱油……25毫升
　　 黑糖……25克
C｜ 花生黄油……100克
　　 桑巴尔（豆瓣酱）……1小勺
炸油豆腐……2片（分成4等份）
煮鸡蛋……2个
虾片……适量（事先炸好）

制作方法

1　将A煮至柔软。

2　将B放入锅里，煮沸使黑糖溶解。

3　将2和C放入大碗中，将其搅拌均匀。

4　将1的蔬菜用两手拧干，除去水分，盛
　　盘。放上煮鸡蛋、过水的炸油豆腐、虾
　　片，浇上3。

  ‹ 花生黄油很美味！搭配烤鸡肉串、猪排等食用也十分可口！

适合在周日的中午食用

卡塔尔

料理名 ≫ 虾饭 ≪

鲜虾什锦饭

这是一道来自卡塔尔的料理。
连形成的锅巴也很美味。
如果厌倦了普通的什锦饭，可以尝试一下这道料理。

35
分钟

材料（2人份）

洋葱……½个（切末）
黄油……20克
带头虾……12只
米……0.1升（事先洗好）
A｜水……1杯（200毫升）
　｜咖喱粉……1小勺
　｜肉桂粉……½小勺
　｜盐……1.5小勺

制作方法

1　将黄油放入锅里加热，用中火将洋葱炒
　　至变成褐色。加入去壳的虾，炒至熟透。

2　加入米，炒5分钟。

3　加入A，一边搅拌一边煮至沸腾。盖上
　　盖子，用小火烧15分钟。

刚开始时用黄油炒洋葱，可以产生甜味，味道会变得更好。

194 196

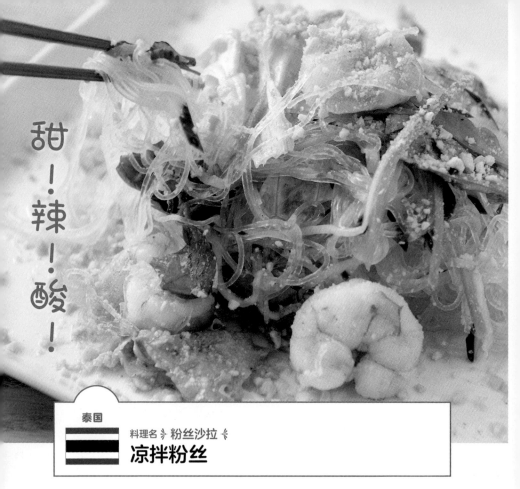

甜！辣！酸！

泰国

料理名 » 粉丝沙拉 «

凉拌粉丝

泰国风味的凉拌粉丝。
可以当作前菜，也可以单独作为下酒菜，十分万能。
加入花生会更加正宗。

10
分钟

材料（2人份）

绿豆粉丝……100克

A| 醋……½杯（100毫升）
　 鱼露……2大勺
　 砂糖……1大勺
　 一味辣椒粉……½小勺（根据自己口味）

B| 小虾（煮）……8只
　 黄瓜……½根（切丝）
　 生菜……1片（随意切开）
　 胡萝卜……½根（切丝）
　 香菜……3根（随意切开）
　 花生……50克（弄碎）

制作方法

1　将粉丝煮好，用凉水冷却，用漏勺捞起后，切成易于食用的长度。

2　将A放入大碗中，充分混合。

3　加入1和B，混合搅拌。盛盘之后，撒上碎花生。

＜甜味、辣味、酸味是泰国料理的精髓。首先请掌握基本的凉拌粉丝。

大家一起吃
会格外美味

日本

料理名 ❥ 大阪烧 ❧
大阪烧

大阪烧可以说是我的妈妈的味道，我每周都要吃。
大量的卷心菜，充足的酱汁，让人十分满足。
大家一起吃的时候，会自然浮现出笑容。
用电炉制作的话，一定会很开心。

30分钟

材料（2人份）

A | 大阪烧粉……100克
　 米……170克
B | 鸡蛋……2个
　 卷心菜……250克（切丝）
　 青葱……4根（切成小段）
猪五花肉……100克
色拉油……1大勺
C | 阿多福酱……适量
　 蛋黄酱……适量
　 鲣鱼干……适量

制作方法

1　将A放入大碗中，充分搅拌。加入B，然后再混合搅拌。

2　将色拉油倒在锅里，放在200摄氏度的电炉上加热，将1分成2等份倒入，调整成圆形，放上猪肉。煎5分钟之后，翻过来，再煎5分钟。然后再将两面各煎5分钟（总计20分钟）。

3　根据个人喜好浇上C。

提议

◁相关配图是拍了妈妈做的大阪烧。

196 ╱196

🌱 从料理看世界 20

妈妈的味道

　　成长在日本关西地区的我，说起妈妈的味道，那肯定是大阪烧。小时候，我家周日的晚饭一定是每周必不可少的大阪烧。每当听到《海螺小姐》的主题曲，我都能想起那个味道。即使每周都吃，我也还是很喜欢大阪烧的味道，吃不厌。我现在吃到大阪烧的时候，也会浮现出家人团聚的景象以及温暖的感觉。从妈妈的角度来看，她希望我们能够多吃蔬菜，同时也是她喜欢的料理，因此才会每周都做吧。

　　至今为止本书中介绍的料理，基本都充满了家庭的味道，是世界上不同地区的家庭在日常生活中能吃到的非常普通的料理。但是，在这些非常普通的料理之中，饱含着母亲对孩子的爱意。母亲的伟大在全世界都是共通的。对你而言，妈妈的味道又是什么呢？

在菲律宾时教我料理的一位小摊上的母亲。笑容很棒！

一位会做韩国料理的母亲。是我旅居西班牙时所借宿的家庭的女主人。

不同菜品索引　想吃什么样的东西

【主食】

浇在饭上

包裹米饭

什锦饭

214

炸物

烧烤菜品

【副菜】

炒菜

炖煮菜品

沙拉、拌菜

炸物

蒸物

烧烤、煎烧菜品

【面包、派、饼、沙司】

面包

217

不同场合索引　什么时候想吃

其他

【 适合做成便当 】

【 想和孩子们一起做 】

【派对料理】

作为前菜

轻食

主菜

【奇特的味道】

主厨推荐索引　　主厨倾情推荐

后记

用料理让世界变得更和谐

料理可以成为人们认识彼此的工具。在海外修行的日子里，我曾经这样想。

在国外，如何与陌生人变得熟悉起来？让我讲讲自己独特的窍门吧。即使刚开始完全没有话题，可以用"你来自哪个国家？"

在印度教我黄油鸡肉的主厨。他是公认的一流厨师。

来引起话题。然后我会提到那个国家料理的名字，对方就会惊讶"为什么你会知道?!"这样一来，就能炒热气氛。对方问："你吃过吗？"我回答："事实上我做过。"经过这样的对话之后，气氛就会更加和谐，我们已经是朋友了。料理这个切入点可以成为拉近彼此关系的良好契机。

现在，请尝试想象一下我们居住的地球。在地球上有各种国家，在那里住着各式各样的人们。日本早上九点时，新加坡人可能刚起来；而在印度，正是太阳升起的时候；在沙特阿拉伯，人们还在睡梦中；而在意大利，有的人可能刚躺下；在纽约则刚好是晚餐时间。

世界广阔又美丽。世界上有各种各样的国家、丰富多彩的文化。在浩瀚的历史长河中，人们既有纷争，又有合作，共同生活在地球大家庭。有时候，我们可能会觉得其他国家的风俗和文化非常新奇，但只要我们怀着好奇心和包容的心态，便会觉得我们生活的世界是如此丰富多彩。

　　"大家同住地球村，明明是生活在同一时代的人，为什么会有很多不同之处呢？"我从小就有这种想法。长大以后，为了学习烹饪，我在世界各地旅居，感受到了不同的文化和生活方式等，心里更是受到了激烈的震撼。我希望不同国家和地区的人们能够了解彼此，

我在印度跟当地人的合影。

感受不同文化带来的新奇之感。我自己也想为传播不同的文化尽一份心力，但是，我无法成为超人，只能尽力做到自己能做的事情。我希望大家都怀有温柔和同情之心，以宽容的心态来看待我们的地球大家庭。但是，单靠呼吁"大家都有点同情心吧"，显然是没有什么效果的。那该怎么办呢？

我在斯里兰卡认识的民宿的员工们。他们直爽而热情好客。

　　我只明白一件事，那就是"可以通过料理使他人产生兴趣"。料理可以带来全面的享受，是了解一个国度的秘密武器。"因为是炎热国家所以要这样烹饪吗？""在当地也是这样炖的吗？"我们可以通过料理了解到很多事情。一旦产生了兴趣，那距离时刻保持温柔和同情之心也不会太遥远了。

　　食物对于人们来说是最切身、最重要的东西。我想要通过介绍料理，努力让世界变得团结和睦。这个想法不管是过去还是现在都从未改变。

为什么总做这么辛苦的事情

我相信料理的力量，迄今为止挑战了各种事情。我曾举办了制作全世界料理的"品味世界美食环球马拉松"活动；烹调了阪神大地震20周年慈善汤"快乐之汤"，并完售了12 000份；我的上一本游记是花费一年时间，在忙于处理料理餐厅事务的同时创作出来的。除此之外，我还完成了为创作这本料理书而开展的众筹项目。

参与"快乐之汤"项目的朋友们。餐厅将要关闭时，大家聚集在一起合影。

人们经常问我，"本山先生，你为什么总是做这么多辛苦的事情？"我是为了时刻锻炼自己。我给自己提升难度，即使看上去办不到的事情，我也要去尝试。只要我设立想要达成的目标，专心去做，并且将这样的身姿展现在他人面前，我相信一定会引起人们的共鸣。这样一来，我就能够将大家聚集在一起，一起完成更多事情。

我在巡游海外的修行时期收获颇丰。对当地人而言，突然有陌生人请求："请教我料理。"这大概会让人觉得很荒唐吧。但是等到我和当地人熟悉了之后，我们就会互相帮助，互相支持。我用自己的经历展示了不同国家、不同地区的人们之间的互相理解和交流。

以料理为契机，开始尝试了解世界各地的餐桌吧。你将体会到不同的美味和丰富多彩的文化。

料理是人类生存的证据

世界上有各种各样的料理，还有很多正在消失的料理。人们不再栽培作为食材的某种农作物或者没有什么人吃了，都是造成料理消失的原因。料理还很容易产生变化，即使是做法类似的料理，在不同的地区可能会呈现出不同的口味。料理真是越深入研究就越觉得奇妙。

在演讲会上，我讲述着旅途中的见闻，诉说着通过食物而看到的不同的世界。

本书中的196种料理，说不定在10年后、20年后就变成了不同的料理。因此，怀着想要留住此刻世界各地的料理的心情，我创作了这些菜谱。

料理是我们生存的证据。现在这个瞬间，世界各地的人们也以现在进行时制作、传承着各种各样的料理。一个国家的文化、历史、环境，所有的一切融合在一起，成就了这片土地上的料理。这196种料理不也可以说是"我们人类的历史"吗？

如果你能够在自家的厨房中尝试制作本书中的料理，并想象着在世界各地有着和你一样的人在制作本书中刊载的料理的话，我将深感荣幸。如果你能反复尝试制作书中料理，将来自世界各地的料理变成自家的固定菜色的话，我将感到无比开心。

最后，通过料理相识的所有朋友，特别是不嫌弃我嘴笨依然耐心教我料理的当地居民，我想对你们衷心地表示感谢。你们教我的料理，我会珍惜，并且一直传承下去！

博霍马斯图蒂（斯里兰卡语"谢谢"）！

致谢

在众筹时得到了许多人的帮助，本书才得以出版。

值此之际再次深表谢意。

本山尚义

＊栞＊順一＊真理子＊／Ami.Kwsmrid ／ bar&guesthouse MONDO ／ BeerCafeLaugh'in ゆーすけ／ C.Y ／ E.A ／ en+ 店主 KAZ ／ fmc8855 ／ H.Higashine ／ Harada Hiroaki ／ Hitomi Washizu ／ IRIS ～イリス　かなやさなえ／ K. Kamura ／ K.Nakamura ／ M.Higashine ／ m.k ／ M.Mariko ／ M/K.N ／ MERRY PROJECT（エモトアヤコ）／ naoki uemura ／ potatoaki ／ Sayuri Hashimoto ／ Shaurya 平井富美子／ Shizuka ／ Terminal りょう／ Yoshiko Aihara ／ありよしまき／カイロプラクティックオフィス バランス ラボ 代表 笠井宗明／くらげ／こうべあしや netTV(小川厚子・赤澤慶子・品川曜子・安田小百合)／コヤマリエコ／シャンカイ／たま／たみのともみ／のじまのりこ／のだまさひで・野田マルコ／パクチーハウス東京／はなうた食堂／パパス東洋医療鍼灸院 竹中幹人／ハヤシヒデオ／ひとみ／ふじじん／ふじだいともこ／ぼとるねっくえがしら with ゆかり／ホムシ夏江／みっさ／ムスターシュ／やまちゃん／ゆーたろー／レコンパンス／阿部聖史／安達恵美／安田正也／衣川あい／衣川絵里子／井上慶子／一般社団法人グルテンフリー協会／稲泉賀奈子／羽田智史／臼井 晴紀、祐子／浦上真一／永井ひろはる／永吉一郎／永棟啓／塩田悦子／於久太祐／奥田隆史／横溝明日香／岡田幸治、るみ子／岡田京子／沖田全平／荻野睦夫／下出光章／加藤実年／河合祐介／河合陽子／我謝賢／我那覇恭行／貝塚加世／笠井奈緒／株式会社 No BoRDER／間泰宏／岸田篤周／岩元敬士郎／岩瀬恵美／岩田聖子／岩本理瑚／吉井翔子／吉崎恭子／吉川雅也／吉田文子／吉澤邦晃、吉澤翼、吉澤豊／久次米啓一郎（Ｋ１郎）／久保真理子／久保村哲也／久保田準

项目：《世界风味厨房：在家烹饪196种美味料理》图书出版
期间：2016年12月13日—2017年3月2日

目标金额：3 000 000日元　达成金额：3 785 395日元
参与人数：425人

二／久保田恵美加／宮川礼／玉城伸太朗／玉木啓悟／近藤弘人／金城愛子／金森理紗／粂田武史／原田翔己／原田佳明／古野迪弘＆美代子／五月女菜穂／工藤ゆみな／甲斐龍幸／荒井康明、奈美／高岡利圭／高瀬優季／高島知司／黒岩直己／黒田浄治／佐々木君子／佐藤望／佐藤匡介／細川ひろし／坂本昌作／三浦威爾／三原・ペロ・遥介／三好大助／三方咲紀／山下敬介／山口智香子／山中陽子／山田隆大／山本清／山本裕計／山﨑千尋／市川久仁子／志田公代／寺本美紀／柴崎友徳／守田光輝／首藤能子／秋山理二郎（第弐表現）／舟橋綾子／舟橋健雄／春原良孝／鋤柄利佳／小原由美／小松知子／小杉崇浩／小川圭子／小谷真実／小島正好／小東和裕／小林美晴／小林裕幸／小澤弘視／庄司英雄／松井久仁子／松隈久禎／松山麻衣／松田英樹、晴子／松田竜一／松尾規子／上田由理／上田拓明、恵利加／上野英則／織部修治／森幸春／森田静香／深町隆史／垂井祐一／水原裕子／水澤真也／瀬戸叔恵／西岡真紀／西原育代／西原莉絵／西川昌徳／石井靖彦／石橋憲人／雪めいこ／扇孝児／前田慎一／増田幹弥／孫恵文／村上颯／多拠点パラレルワーカー AKANE／多田明雅／太田洋子／大橋眞優／大石紗己／大前俊介／大沢さやか／大庭隆史（おおばたかし）／瀧大補／辰巳穣治／辰野まどか／谷央輔／丹晋介／池口美奈子／中川國雄／中村久美／中野／中澤幸三／仲井勝巳／津田一樹（つだかずき）／塚原雄太／辻なつみ／壷井豪／田中もも代／田中栄治／田野茜（たのあかね）／渡辺峻司／都築香純／島津忠司／藤原愛／藤原唯人／藤澤麻由／内田京介と内田佳菜／内田光／南野浩利／日原義人／日湘産業株式会社／日比野純一／猫本美波／白石昇／畑卓夫／畠中雪／桧垣歩／富岡節子／富田幸子／冨士大雅之（ふじだいまさゆき）／武井弥生／平田初美／米内雄樹／保田利宗／北区の安井家／北川由依／本瀬正弘／茂山尊史／木村圭宏／木村晃基／野村由起子／野津卓也／柳本孝人／有澤渉／猶雲昶空／余島満彦／落合淑美／里田智彦／流泉書房／旅する料理研究家 森山さとみ／瑠璃／鈴木章之、美穂／和田辰雄／和田俊介／眞弓和也／齋藤仁／髙野幸嗣／메루로퐁티／오쿠노히데키

图书在版编目（CIP）数据

世界风味厨房：在家烹饪196种美味料理／（日）本山尚义著；陆晨悦译. —武汉：
华中科技大学出版社，2020.6
ISBN 978-7-5680-5992-3

Ⅰ.①世… Ⅱ.①本… ②陆… Ⅲ.①食谱 Ⅳ.①TS972.12
中国版本图书馆CIP数据核字（2020）第017660号

本作品简体中文版由Writes Publishing授权华中科技大学出版社有限责任公司在中华
人民共和国境内（但不含香港、澳门和台湾地区）出版、发行。
湖北省版权局著作权合同登记　图字：17-2020-023号

世界风味厨房：在家烹饪196种美味料理

[日] 本山尚义 著

Shijie Fengwei Chufang Zaijia Pengren 196 Zhong Meiwei Liaoli

陆晨悦 译

出版发行：华中科技大学出版社（中国·武汉）　　　电话：（027）81321913
　　　　　北京有书至美文化传媒有限公司　　　　　电话：（010）67326910-6023
出 版 人：阮海洪

责任编辑：莽　昱　刘　韬
责任监印：徐　露　郑红红　　　　　　　　　　　封面设计：邱　宏

制　　作：北京博逸文化传播有限公司
印　　刷：北京汇瑞嘉合文化发展有限公司
开　　本：635mm×965mm　　1/32
印　　张：7.25
字　　数：79千字
版　　次：2020年6月第1版第1次印刷
定　　价：69.80元

本书若有印装质量问题，请向出版社营销中心调换
全国免费服务热线：400-6679-118　竭诚为您服务
版权所有　侵权必究